JN039802

IT Text

情報処理学会 編集

データサイエンスの基礎

田栗正隆
汪　金芳　共著

Ohmsha

情報処理学会教科書編集委員会

はしがき

　日本が目指すべき未来社会の姿として，内閣府の第5期（平成28～32年度）科学技術基本計画において，Society 5.0 が提唱された．サイバー空間とフィジカル（現実）空間を高度に融合させたシステムを構築し，経済発展と社会的課題の解決を両立する，人間中心の社会を目指すことを目的としている．Society 5.0 の実現のため，デジタル技術とデータの活用が本質的に進むことによって，社会・産業・生活のあり方が根本から転換する，いわゆるデジタルトランスフォーメーション（DX）が，いま，あらゆる分野で求められている．

　データは21世紀の石油といわれている．データを価値に変えるのがデータサイエンスの目的である．データサイエンスは，経験的，理論的，計算的パラダイムに続いて，科学発展史上における第4のパラダイムといわれている．ニュートン力学の誕生が，科学・技術をはじめ，あらゆる近代科学文明に深淵なる影響を与えてきたと同じように，これからの文明社会を語るには，データサイエンスを抜きにしては不可能であると考えられる．

　データサイエンスはブームであり，また社会現象である．データサイエンスの名前を冠した学部や研究科が，雨後の筍のごとく次々誕生している．「データサイエンス現象」の推進を強力に後押ししているのが，内閣府主導の「AI戦略2019」や，「数理・データサイエンス・AI教育プログラム認定制度」の創設といえよう．モデルカリキュラム（リテラシーレベル）において，「文理を問わず，すべての大学・高専生（約50万人卒/年）が，課程にて初級レベルの数理・データサイエンス・AIを習得」することが具体目標に設定された．またモデルカリキュラム（応用基礎レベル）は，リテラシーレベルの教育の発展的学修により，「文理を問わず，一定規模の大学・高専生（約25万人卒/年）が，自らの専門分野への数理・デー

タサイエンス・AI の応用基礎力を習得」することを目標としている.

　本書は著者らによる横浜市立大学データサイエンス学部での授業経験を参考にしたデータサイエンスの入門書である.データサイエンスの入門書はこれまで多く出版されているが,丁寧な統計学の基礎の解説（本書の前半）と,豊富な例題を用いた統計的機械学習の理論のエッセンスの解説（本書の後半）を融合した試みが,本書の特徴の一つである.本書の内容はモデルカリキュラム（リテラシーレベル・応用基礎レベル）との重なりが多く,モデルカリキュラムに沿った授業の教科書や参考書としての使用も考えられるだろう.なお,下記のオーム社 Web サイトに,本書の内容と「数理・データサイエンス・AI モデルカリキュラム」との対応について,また,モデルカリキュラムでも強調されている,データサイエンス教育を行う際に重要となる課題解決型学習（Project-Based Learning; PBL）についてこれまでの著者らの教育経験に基づきまとめた資料があるので,データサイエンスの教育・授業を行う先生方に参考にしていただければ幸甚である.

https://www.ohmsha.co.jp/book/9784274229145/

　最後に,本書の執筆を勧めてくださった明治大学総合数理学部の菊池浩明教授に深く謝意を表したい.菊池教授には内容についての助言もいただいた.また,オーム社編集局の皆様には,大幅な執筆の遅れに辛抱強く付き合い,また R のコードの検証や演習問題を含めた原稿全般について丁寧に査読してくださり,数々の内容の改善が図られたことに深く御礼申し上げたい.原稿の一部の LATEX 化をしてくださり,誤字脱字の訂正を指摘した横浜市立大学データサイエンス研究科博士課程の尾形和也さんと掛谷有希さんにも謝意を表したい.

2022 年 8 月

田栗　正隆・汪　　金芳

目　次

第 1 章　イントロダクション

1.1　データサイエンス作法 ……………………………………… 1

1.2　データサイエンス vs. 人工知能 …………………… 3

　　1. 人工知能の革命　*3*

　　2. データサイエンスと人工知能：共通点と相違点　*5*

1.3　各章の内容 ……………………………………………… 6

第 2 章　R の基礎

2.1　なぜ R なのか ……………………………………………… 11

2.2　R コンソール ……………………………………………… 12

2.3　スクリプト ………………………………………………… 13

2.4　RStudio …………………………………………………… 14

　　1. ペイン　*14*

　　2. キーバインド　*15*

　　3. スクリプトの実行　*16*

　　4. RStudio オプションの変更　*19*

　　5. R パッケージのインストール　*19*

2.5　R の基本 ……………………………………………………… 21

　　演習問題 ……………………………………………………… 25

第3章　データの記述・可視化

3.1　データの種類と性質 ……………………………………… 28

3.2　データの要約方法 1：データの中心を表す尺度…… 31

　　1. 標本平均　*31*

　　2. 標本中央値　*32*

　　3. 標本最頻値　*32*

　　4. 標本平均，標本中央値，標本最頻値の違い　*33*

3.3　データの要約方法 2：データのバラツキを表す尺度　34

　　1. 標本分散　*34*

　　2. 標本標準偏差　*36*

　　3. 標本平均偏差　*37*

　　4. 標本範囲　*37*

　　5. 四分位範囲　*38*

3.4　データのグラフ表示 …………………………………… 38

　　1. 箱ひげ図　*39*

　　2. ヒストグラム　*40*

　　演習問題 …………………………………………………… 42

第4章　関連と因果，データ分析における注意事項

4.1　観察研究における交絡の問題 ………………………… 43

4.2　伝統的な交絡の調整方法 ……………………………… 46

　　1. 層別解析とマッチング　*46*

　　2. 回帰モデル　*47*

4.3　傾向スコア ……………………………………………… 49

4.4　傾向スコア解析の手順 ………………………………… 50

4.5　傾向スコア解析の利点と欠点 ………………………… 51

　　1. 傾向スコア解析の利点　*51*

　　2. 傾向スコア解析の欠点　*52*

4.6　傾向スコアマッチングによる解析事例……………… 53

演習問題 ………………………………………………………………… 55

第5章　データ倫理

5.1　データ倫理の原則 …………………………………………… 56
　　1. 所有権の原則　*56*
　　2. 透明性の原則　*57*
　　3. プライバシーの原則　*57*
　　4. 目的の原則　*58*
　　5. 結果の原則　*58*

5.2　データ倫理規範 ……………………………………………… 58

5.3　アルゴリズムバイアス ……………………………………… 60

5.4　データプライバシー ………………………………………… 61
　　1. データプライバシーとは　*61*
　　2. データプライバシー vs. データセキュリティ　*61*
　　3. データプライバシーに関わる基本事項　*62*

5.5　データガバナンス …………………………………………… 64
　　1. データガバナンスとは　*65*
　　2. データガバナンスはなぜ重要か　*66*

5.6　データ整合性 ………………………………………………… 67
　　1. データ整合性とは　*67*
　　2. データ整合性が重要な理由　*68*
　　3. データ整合性の達成と維持する方法　*68*

演習問題 ………………………………………………………………… 69

第6章　確　率

6.1　確率とは ……………………………………………………… 71

6.2　実験，試行，標本点，標本空間，事象など ……… 72

6.3　事象の和・積，余事象など ………………………… 73

6.4　確率の定義 …………………………………………………… 74

6.5　確率のいくつかの性質，加法定理 ………………… 76
6.6　条件付き確率 ……………………………………… 77
　　1. 事象の独立性　77
6.7　ベイズの定理 ……………………………………… 78
　　演習問題 ………………………………………………… 81

第 7 章　確率分布

7.1　確率変数と確率分布 ……………………………… 83
　　1. 離散型確率分布と連続型確率分布　84
　　2. 分布関数　86
7.2　確率分布の特徴を表す指標 ……………………… 87
7.3　代表的な確率分布とその性質 …………………… 90
　　演習問題 ………………………………………………… 93

第 8 章　標本分布と中心極限定理

8.1　多次元確率分布 …………………………………… 94
　　1. 2 次元確率分布　94
　　2. 同時確率分布　95
　　3. 周辺分布　96
　　4. 条件付き分布，確率変数の独立性　96
　　5. 共分散，相関係数　98
8.2　統計量と標本分布 ………………………………… 100
　　1. 無作為標本と統計量　101
8.3　大数の法則と中心極限定理 ……………………… 103
　　演習問題 ………………………………………………… 105

第9章　点推定・区間推定・仮説検定・p値

9.1　統計学の体系 ……………………………………………… 106

　　1. 母集団の設定　*107*

　　2. 母集団からの標本抽出　*108*

　　3. 標本の記述—記述統計学　*109*

　　4. 標本特性に基づく母集団特性の推測—推測統計学　*110*

9.2　点推定と区間推定 …………………………………………… 111

　　1. 点推定　*111*

　　2. 区間推定　*112*

9.3　仮説検定とp値 …………………………………………… 115

　　1. 仮説検定　*115*

　　2. p値　*118*

　　演習問題 …………………………………………………… 120

第10章　機械学習の基礎

10.1　機械学習とは〜回帰分析を例として〜 …………… 121

　　1. 統計的誤差　*121*

　　2. 機械学習の基本的考え方　*122*

10.2　回帰分析 …………………………………………………… 124

10.3　クラスタリング …………………………………………… 127

　　1. クラスタリングの基本的考え方　*128*

　　2. クラスタリングの実装　*130*

　　3. クラスター数が未知のとき　*131*

10.4　分　類 ……………………………………………………… 132

　　演習問題 …………………………………………………… 135

第 11 章　回帰モデル

11.1　ボストン住宅価格データ ……………………………… 137
11.2　線形モデル ……………………………………………… 140
　　1. 最尤推定量　*141*
　　2. 変数選択　*141*
　　3. *k*-分割交差検証法　*143*
11.3　ボストン住宅価格の予測 ……………………………… 144
11.4　回帰診断 ………………………………………………… 147
11.5　非線形モデル …………………………………………… 149
　　1. 対数線形モデル　*149*
　　2. 対数線形モデルの適用例　*150*
　　3. 負の二項分布モデル　*151*
　　演習問題 ………………………………………………… 152

第 12 章　分類

12.1　分類の方法と評価指標 ………………………………… 155
　　1. 分類の方法　*155*
　　2. 分類の評価指標　*157*
12.2　クレジットカード不正利用データ …………………… 158
12.3　ロジスティック回帰分析 ……………………………… 160
　　1. ロジスティック回帰モデル　*160*
　　2. パラメータの最尤推定　*161*
　　3. クレジットカードの不正利用の検出　*162*
12.4　ナイーブベイズ ………………………………………… 164
12.5　不均衡データの分類 …………………………………… 166
　　1. 不均衡データ　*166*
　　2. サンプリング法と擬似データ生成法　*167*
　　3. クレジットカードの不正利用の検出　*168*
　　演習問題 ………………………………………………… 169

第13章　ベイズ線形モデル

13.1　ベイズ統計学の基本的考え方 ……………………… 171

13.2　マルコフ連鎖モンテカルロ法 …………………… 174

13.3　ベイズモデルの比較 ………………………………… 176

13.4　ベイズ的線形モデル ………………………………… 179

　　1. 基本的考え方　*179*

　　2. 独立等分散モデル　*180*

13.5　ベイズ線形モデルによるボストン住宅価格の予測 181

　　1. 事後分布からの標本抽出　*181*

　　2. ベイズ推論　*182*

　　3. 事前分布の選択　*184*

　　4. 予測分布　*185*

　演習問題 ……………………………………………………… 186

第14章　決定木とアンサンブル学習

14.1　回帰木 ……………………………………………………… 188

　　1. 回帰木の例　*189*

　　2. 一般的回帰木モデル　*190*

　　3. 木の刈込み　*192*

14.2　ランダムフォレスト ……………………………… 194

　　1. バギング法　*194*

　　2. ランダムフォレスト　*195*

　　3. ブースティング　*195*

14.3　分　類 ………………………………………………… 200

　　1. カーシートの販売データ　*200*

　　2. バギングとランダムフォレスト　*200*

　　3. ブースティング　*204*

　演習問題 ……………………………………………………… 205

第 **15** 章　スパース学習

15.1　LASSO 回帰 ……………………………………… 207
　　1. 罰則付き最適化問題　*207*
　　2. LASSO 回帰　*209*
15.2　ボストン住宅価格データへの適用 ……………… 210
　演習問題 ……………………………………………… 214

演習問題略解 ………………………………………… 216
参考文献 ……………………………………………… 240
索　　引 ……………………………………………… 245

第1章

イントロダクション

　データサイエンスを学ぶ前のオリエンテーションとして，まず
はデータサイエンスの学問的性質についての考察を与える．ま
た，データサイエンスと人工知能は似た意味をもつ言葉として用
いられることがあるが，ここで共通点と相違点をまとめておく．
最後に，データサイエンスの学習の全体像を把握し学習の動機付
けに資するよう，本書の内容を俯瞰する．

■ 1.1　データサイエンス作法

　「データサイエンスを，統計的，計算的，人間的視点から俯瞰する
ことができよう．それぞれの視点がデータサイエンスを構成する本
質的な側面であるが，これらの三つの視点の有機的結合こそがデー
タサイエンスという学問の神髄である[3]．これまでのデータ解析に
おける現場の知識の重要性に対する認識不足が，データサイエンス
という学問に対する幅広い誤解の源泉であると考えられる[10]．」[*1]

*1 https://
ja.wikipedia.
org/wiki/デー タ
サイエンス
（汪が2018年に記
述したものである）

　学問としての**データサイエンス**を定義するのは容易ではないが，
上述のデータサイエンスの構成要件である統計的，計算的，人間的
という三つの視点についてのコンセンサスは得られつつある．これ
らの視点をデータサイエンスの学びの観点から以下のように整理す

ることができる．

(a) データサイエンスの基礎

データサイエンスによるエビデンスは信頼に足る科学的根拠である．データサイエンスによる帰納的推論の妥当性を，**確率論**や数学（微分積分や線形代数）は保証している．データサイエンスの問題は確率論的に定式化され，また導かれる結論も確率的に解釈される．限られた量のデータから母集団全体に対する結論を導く統計的機械学習のプロセスは，数学的には最適化問題を解くことに帰着される．

(b) データサイエンスの文法

データサイエンスはデータの科学であり，少数の例題から一般論を導く推論は帰納的に行われる．この推論の土台が**統計学**である．例えば，BMI[*1] と血糖値についてのデータがあれば，統計学により BMI が所与のものであるときの血糖値の分布を推定し，それに基づいて糖尿病の有病確率を予測することができる．統計学は不確実性が伴うあらゆる学問分野を支配する文法である[*2]．

(c) データサイエンスの文化

データサイエンスには，統計学と**機械学習**の二つの文化が交差している．統計学は確率モデル中心の文化であり，緻密な理論が立てられることが多く，また結果の解釈が容易という特徴がある．その反面，大規模データの処理はやや苦手である．一方，機械学習はアルゴリズム指向の文化であり，予測を主な目的としている．代表的手法として決定木とニューラルネットワークに基づく深層学習[*3]が挙げられる．機械学習による予測の精度はしばしば統計モデルの性能を超える．しかし，機械学習のアルゴリズムは計算時間を要するうえ，結果の解釈に困難が伴う難点が指摘されている．本書の第9章までは統計学の基礎などを解説し，第10章からは統計的機械学習による実践を解説する．

(d) データサイエンスの言語

データサイエンスの実践には，プログラミング言語が必要不可欠である．データ可視化やデータ解析を行うための言語は多く存在するが，その中で今日，最もユーザ数を有しているのが，フリーウェアである **R** や Python といえるだろう．R は伝統的統計学の

*1 肥満度を表す指標のこと．

*2 http://www.msi.co.jp/splus/usersCase/edu/pdf/tubaki.pdf

*3 deep learning

文化から生まれたもので，時代とともに進化し続けている．一方，Python は深層学習をはじめとする機械学習に便利な言語であり，膨大なユーザコミュニティを有する．本書では R を用いた種々の方法を解説する．

(e)　データサイエンスの探索

緻密なデータ解析を行う前に，データをプロットし可視化するなどして，さまざまな角度から吟味することが大切である．ヒストグラムや散布図を表示するだけでも，データの示す特徴から多くの情報が得られることに加え，適切な解析手法のヒントも同時に得られる．このような予備的解析は**探索的データ解析（EDA**[*1]**）**とも呼ばれる．EDA によりデータに潜在するパターンを発見し，はずれ値を特定し，使用する分析手法の条件などを確認することができる．多くのビジネスの現場において，緻密なデータ解析を行わずとも EDA で十分な場合が多い．本書の前半では 1 次元や 2 次元のデータの要約や可視化について解説する．

[*1] explanatory data analysis

(f)　データサイエンスの実践

データサイエンスの学問的妥当性は，確率論や関連する数学が保証する．一方，データサイエンスによる真理の探究対象は現実の世界である．ビジネスや行政の意思決定の支援としてデータサイエンスが使われる．したがって，データサイエンスは座学と考えず実践することが必要不可欠である．データサイエンスによる成果を実社会に還元し，最終的な結果の妥当性のチェックを行い，必要な修正を行い，データサイエンスによる結論の品質を検証するプロセスは重要である．

1.2　データサイエンス vs. 人工知能

1.　人工知能の革命

本書執筆時点（2022 年 6 月）で，**人工知能（AI**[*2]**）**はいまだブームにある．一般市民から技術者まで，テクノロジーのトレンドについて議論する際に必ず AI に触れるが，しかし，その意味の理解に

[*2] artificial intelligence

しばしば混乱している．今日のいわゆる人工知能システムは，実際には一般市民が期待している，推論，現実世界の知識の有効活用，社会的相互作用を含む多くの知的活動を人間に取って代わるほど高度なものではない．現在の機械学習（正確には統計的機械学習）は，低レベルのパターン認識タスクにおいて，そのスキルが人間レベルの能力を示しているが，人々からより期待されている高度な認知レベルでは，人間の知性を模倣しようとするだけで，創造的活動に深く関与しているわけではない[11]．

　実際，人間の思考の模倣は，機械学習の主要な目標でもなければ，適切な目標設定でもない．現在は，検索エンジンが Web からの情報を組織することによって人間の知識を増強するのと同じように，機械学習は，大規模なデータセットの綿密な分析を通じて，人間の知性を補助するのに用いられている．機械学習は，散在する個別のデータセットから有用な情報を見つけ，新しいパターンの発見により，根拠のある行動指針を提案することで，公共政策，ヘルスケア，商業取引などの分野において人間に新しいサービスを提供している．化学と流体力学の基礎研究から化学工学が誕生したように，機械学習はコンピュータサイエンス，統計科学，制御理論などの長年の基礎研究の発展に基づいて，人と技術のインタフェースに焦点を当てた，人間中心の新しい工学的分野として理解できよう．しかしながら，現実の世界で機能を発揮しつつも，人間に必要な価値や倫理観を提供し，SDGs の目標を達成できる機械学習ベースのシステムを構築するような試みにはあまり焦点が当てられていないのが現状である．

　AI という用語がつくられた 1950 年代に，人々は人間レベルの知性を備えたコンピューティングマシンを構築することを熱望した．その願望はまだ広く存在しているが，しかしそれからの数十年の間に起こったことは，当初の想定とは異なるものである．すなわち，コンピュータ自体は一向にインテリジェントにはなっていないが，人間の知性を強化する機能を次々に提供しているというのがこれまでの歴史である．機械学習は，人間が原理的に実行できるが，多大なるコストが伴う低レベルのパターン認識タスクに優れている．機械学習ベースのシステムは，例えば，金融取引の不正を大規模に

検出できるため，電子商取引を促進できる．このような技術開発は「AI テクノロジー」とも呼ばれているが，基礎となるシステムには高いレベルの推論や意味表現，思考などは含まれていない．

　目まぐるしいスピードで発展を成し遂げ続けている人工知能分野だが，20 年後の姿は誰も正確に言い当てられないだろう．インテリジェントなシステムの構築に注力するのではなく，データに基づく意思決定，人間とコンピュータのスマートな相互作用について学び，理解を深めていくことが，適切なゴール設定であろう．このような学びと理解の実現には，コンピュータサイエンス，統計科学，情報理論，制御理論などが土台となっているという事実を理解すべきである[11]．

▌2.　データサイエンスと人工知能：共通点と相違点

　前節で述べたように，人工知能（機械学習）はアルゴリズムによる自動化を主たる目的としているのに対して，データサイエンスはデータに関わるすべての活動に及んでいる．そのために，人工知能は特にロボット産業や自動化産業に欠かせない技術となっているのに対して，データサイエンスは人間の関与が必要不可欠なマーケティング，金融，保険，健康，医療などの分野でより重要である．

　このように，人工知能はアルゴリズム中心の技術として定義される一方，前節で述べたように，データサイエンスは統計的，計算的，人間的視点の有機的結合として理解される．データサイエンスを構成する最も重要な学問の一つが統計学であることには一点の曇りもない．ただ，これまでに，統計的データ解析における現場の知識の重要性に対する認識不足が，統計学という学問に対する幅広い誤解の源泉となっていることは事実である．複雑な現象を単純すぎるモデルで抽象化し高度な理論を追求するよりも，なるべく複雑な現象をそのまま受け入れた近似的解法を導くべきであることは，昔から指摘されている（“Far better an approximate answer to the *right* question, which is often vague, than an *exact* answer to the wrong question, which can always be made precise.”（間違った問いに対する極めて正確な回答よりも，正しい問いに対するおおよその回答のほうが遥かに有益である．）[22]．

　データサイエンスと人工知能は，共通点も多く，厳密に区別することは困難であるが，表 1.1 に両者の主な共通点と相違点をまとめた．本書は人工知能よりもデータサイエンスに力点を置いて著している．

表 1.1　データサイエンス vs. 人工知能：共通点と相違点

	データサイエンス	人工知能
領域の広がり	データに関わるすべての活動	アルゴリズムによる自動化
データの種類	構造化データ，非構造化データ	構造化データ
応用領域	マーケティング，金融，保険，健康，医療，検索エンジン	ロボット産業，自動化産業健康，医療，検索エンジン
得意なタスク	可視化，予測，分類，解析	予測，分類
使用する手法	統計モデル	アルゴリズム
ツール	R,SPSS,SAS,Julia	主に Python
主な目的	データの背後にある構造探索によるビジネスにおける価値創造	処理の自動化による経済的効率性の追求
説明可能性	ホワイトボックス	ブラックボックス
他方への転職	人工知能分野への転職は比較的容易	データサイエンス分野への転職は比較的困難
歴史	近代統計学：18 世紀データサイエンス運動：1960 年代	第一次ブーム：1960 年頃〜第二次ブーム：1980 年頃〜第三次ブーム：2012 年頃〜
科学か技術か	科学	技術

■ 1.3　各章の内容

　本書は大きく，前半の統計学の基礎と，後半の機械学習の実践応用の，二つの部分で構成される．前半は，初学者を想定して確率の解説を含めつつ，データサイエンスの基礎である統計学を中心に展開する．後半は，回帰と分類の 2 大問題を中心に，アクセスしやすいデータへの適用を通して，機械学習の方法の解説する．なお，本書で扱った題材をすぐに読者が試せるように，必要最小限の R のコードを掲載した．各章の内容の概略は以下のとおりである．

第 1 章：本書による学習のオリエンテーションとして，データサイ

エンスとは何かについて，また，データサイエンスと人工知能の共通点と相違点をまとめた．

第 2 章： 本書の後半で，データサイエンス分野で最もポピュラーな言語の一つである R を用いてさまざまな解析を行う．そこで，本章では R の初心者を想定して，R の操作に関する基本事項を解説する．R にある程度慣れている読者は読み飛ばしても差し支えない．

第 3 章： データを平均や分散などの少数の数で要約したり，ヒストグラムや散布図などにより可視化したりする方法を解説する．データの可視化は，適切な解析手法を選ぶためのヒントを与えることもある．また，特にビッグデータの場合，データの可視化自体が目的である場合もある．

第 4 章： データ解析を行う際，一つの変数を単独で考察することはほとんどない．いくつかの変数を同時に考え，変数どうしの関連性や，因果関係の考察を行うのが普通である．本章では，このような考察を行うための基礎的概念である相関と因果を解説する．

第 5 章： データサイエンスの実践において欠くことのできないデータ倫理を解説する．具体的には，データ倫理規範をはじめ，データプライバシーやデータガバナンスの問題を扱う．多くのページ数を割いてデータ倫理を論じるデータサイエンスの専門書はほとんどないと思われるが，重要であることから本書では 1 章を割いて扱った．

第 6 章： データサイエンスは統計学という学問の上に成り立っている．また，統計学は確率の言葉で語られる．そこで本章では，初学者を想定して，不確実な現象の根底に流れる確率に関する基本事項を解説する．

第 7 章： データ解析で扱う変数の挙動を確率分布で表すことがある．例えば，長生きの人もいればそうでない人もいて，寿命の不確実性は統計学では典型的に指数分布で表す．一方，収入の不確実性は対数正規分布という分布で表すことが多い．本章では，確率分布の基本的概念を解説するとともに，いくつかの基本的な確率分布を紹介する．

第 8 章： データサイエンスの手法はさまざまあるが，多数のデータ

をまとめて推測の起点となる統計量を計算し現象を解説することが，普遍的な方法である．例えば，標本平均を用いて母平均を推定するのが典型的である．データに依存する統計量は不確実性をもち，信頼区間や仮説検定を導くため統計量の確率分布（標本分布）を知る必要がある．統計量の確率分布を正確に求めることは一般に難しいが，標本数が比較的大きいとき，標準化された統計量は近似的に正規分布に従うことが知られている．このことを中心極限定理と呼ぶ．本章では，標本分布と中心極限定理を中心に解説する．

第 9 章：統計的推論は，点推定，区間推定，仮説検定の三つの標準的な型に分けられる．標本平均や中央値で母平均を推定するのが，点推定の典型例である．標本平均のバラツキの情報を用いれば，ある決まった確率で母平均が含まれる区間を求めることができる．これが信頼区間の概念である．信頼区間の概念を理解できれば，例えば，株式投資するときにリスクについてより正確に理解することができる．一方，例えば薬 A が薬 B より優れているかどうかをデータから検証する問題は，仮説検定の問題として定式化される．本章では，点推定，区間推定，仮説検定の基本的な考え方について解説する．

第 10 章：本章の内容は，第 9 章までと第 11 章以降を繋ぐものである．機械学習（統計的機械学習）の考え方や各種の用語を紹介し，機械学習の全体像を例題を通して俯瞰する．

第 11 章：ビジネスにおけるデータサイエンスのほとんどの問題は，予測の問題か分類の問題に帰着される．ただし，分類の問題は，個体の属性（ラベル）を予測する問題と捉えることができるため，分類の問題も予測の問題として統一的に扱うことができる．データサイエンスにおける予測の問題は，回帰分析の枠組みで行われる．本章では，住宅の価格のような連続量の予測に用いられる線形回帰モデルを中心に紹介する．また，計数データの予測に用いられる対数線形モデルも紹介する．対数線形モデルは一般化線形モデルに含まれる重要なモデルである．

第 12 章：本章では分類の問題を扱う．分類の問題は，ラベルの予測問題として捉えることで，回帰分析の考えに基づいて行うこと

ができる．本章では，最も基本的なロジスティック回帰モデルに基づく分類の方法を解説する．分類の方法は多種多様であるが，ラベルの事後確率の推定に基づくナイーブベイズ法についても簡単に触れる．回帰モデルではない方法として，サポートベクトルマシンなどは紹介程度に留める一方，近年ますます重要になってきている不均衡データに基づく分類問題は詳細に取り上げることにした．不均衡データにおける分類精度の向上は，異常検知などの問題で重要である．

第 13 章：データの不確実性は，二つの視点から捉えることができる．一つは，データをある確率分布からの実現値と見なし，確率分布には未知ではあるが確率的に変動しないパラメータを含むと仮定する．そのうえで，データが同じ状況で繰り返し得られる前提で，解析手法の妥当性を検証する．この考えを頻度論と呼ぶ．もう一つの考えとしては，未知であるパラメータも確率分布に従うと仮定する．そのうえで，データが得られた後のパラメータの分布を更新していく．これはベイズ的な考え方である．本章では，頻度論と比較しながらベイズ的考えを紹介する．また，線形モデルの拡張であるベイズ線形モデルと実際のデータへの適用を解説する．

第 14 章：回帰モデルと分類モデルの結果を木の形で表現したのが，決定木である．決定木は，ビジネスにおける意思決定の支援ツールとして非常に大切なモデルである．決定木の基本的な考えは，特徴空間[*1]をいくつかの矩形領域に分割し，各領域におけるラベルの平均値をその領域の予測値と定めるものである．このような付加的な予測方式の制約条件を課すことによって，決定木の精度は高くないことが予想される．この問題を克服するのがアンサンブル学習である．多くの決定木をつくり，それらの木をうまく結合させることによって，最終的に性能の良い予測モデルをつくるのが，アンサンブル学習である．本章では，アンサンブル学習の代表的手法である，バギング法やランダムフォレスト，ブースティングについて解説する．

第 15 章：データ数（データの大きさ）に比較して特徴量の次元が圧倒的に高いとき，予測に貢献する変数がごく少数しかないこと

*1 多次元の特徴量のとり得る値の集合．直線や平面の拡張である．

がしばしばある．このようなデータをスパースデータと呼ぶ．膨大な数のパラメータの推定に起因する不安定性の問題が，スパースデータに対して伝統的な学習法がうまく機能しない主な理由である．スパースデータに適した学習法をスパース学習と呼ぶ．本章では，スパース学習法の代表的手法である LASSO 回帰を中心に紹介する．変数選択とパラメータの推定を同時に行える LASSO 回帰は，データサイエンティストの必須のツールの一つである．

第2章

Rの基礎

　データサイエンスの方法の実装は計算機の使用が前提である．データサイエンスのためのポピュラーな言語として，R と Python がある．今やニューラルネットワークモデルに基づく自然言語処理や画像処理などを行う際には，Python の使用が標準的である．一方，R は統計解析のために設計された伝統のある言語であるが，ビッグデータの処理の必要性が高まり，またさまざまな機械学習の方法の登場に伴って，R も進化し続けている．本書で解説したアルゴリズムの実装はすべて，R を用いて行った．紙面の制約もあるが，一方で読者が模倣できるよう，コードの掲載は必要最小限に留めた．本章では，R の未経験者を想定し，R の使い方をゼロから解説する．R の経験者であれば本章を読み飛ばして差し支えない．

2.1　なぜ R なのか

　R は，C や Java のようなソフトウェア（アプリケーション）開発のためのプログラミング言語ではなく，データ分析やデータの視覚化のために用いられる，優れたインタラクティブな環境を備えた言語である．データを素早く可視化し探索できるためには，対話的

環境が必要不可欠である．また，RはPythonなどと同様に，いつでも簡単に実行できるスクリプト（Rの実行に必要なコードやコメントを記したテキストファイル）として作業内容を保存できる．スクリプトとして保存できることは，研究結果の再現性を担保するためにも重要である．

Rには，ほかにも次のような魅力的な特徴がある．

- フリーウェアであり，またオープンソースである．
- Windows，macOS，UNIX/Linux などの主要なプラットフォームで動作する．
- スクリプトやデータオブジェクトは，プラットフォーム間でシームレスに共有できる．
- 膨大な数のRユーザによる活発なコミュニティがあり，膨大なリソースが存在し，疑問や質問の答えが簡単に見つかる．
- 研究者は最新の研究成果をパッケージの形で提供でき，Rユーザはデータサイエンスの最新の手法をすぐに試すことができる．

■2.2　Rコンソール

インタラクティブなデータ分析の最も単純な方法は，**Rコンソー ル**でコマンドを実行することである．Rコンソールにアクセスするにはいくつかの方法があるが，Rを起動すれば図2.1のように素早くRコンソールが立ち上がる．

例えば，サイコロの目の数の平均を次のように計算する．結果は$21/6 = 3.5$である．これは，サイコロを1回振ったときの目の数の期待値である．

リスト2.1　サイコロを1回振ったときの目の数の期待値

```
1: > (1+2+3+4+5+6)/6
2: [1] 3.5
```

図 2.1　R コンソール

2.3　スクリプト

　マウスなどのポインティングデバイス（以下「マウス」）による操作を前提にする分析ソフトウェアに対する R の最大の利点の一つが，作業内容を**スクリプト**として保存できることである．スクリプトは，テキストエディタを使用して編集および保存ができる．本書で用いる，R の機能を GUI ベースで利用できるよう開発された統合開発環境（IDE）である RStudio には，R の機能を備えたエディタのほか，スクリプトを実行するためのコンソール，図を表示するためのペイン（枠）を含み，データ分析者には欠かせないツールとなっている（RStudio の詳細は次節で扱う）．

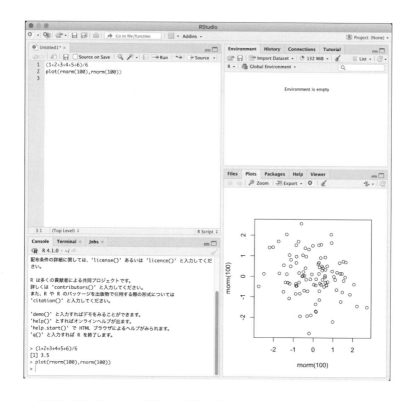

図 2.2　RStudio：左上がスクリプトエディタ，左下がコンソール，右上が
環境履歴，右下が図などを表示するためのペインとなっている．

2.4　RStudio

*1 データサイ
エンスのフロン
ティア拡大に伴い，
2022 年 10 月より，
RStudio は Python
にも対応する Posit
https://posit.co
としてリリースされ
る予定である．

　RStudio*1 はスクリプトの作成および編集を快適に行うための
エディタを提供するだけでなく，他の多くの便利なツールも備えて
いる（図 2.2）．ここでは最も基本的な機能のいくつかを解説する
（なお，本節で用いるのは，RStudio バージョン 1.4.1717 であり，
バージョンにより画面構成は変わることに注意）．

1.　ペイン

　RStudio を初めて起動すると，図 2.3 のように三つのペインが表
示される．左のペインには，R コンソールが表示される．右上の

図 2.3　RStudio の起動画面

ペインには，環境や履歴などのタブが含まれ，右下のペインには，ファイル，プロット，パッケージ，ヘルプ，ビューアといったタブが表示される．

　図 2.4 のように新しいスクリプトを開始するには，[File]→[New File]→[R Script] の順にクリックする．

　これにより，図 2.5 のように，左側に新しいペインが開始され，ここからスクリプトの作成を開始できる．

▍2.　キーバインド

　マウスで実行する多くのタスクは，代わりにキーバインド（キーバインディング，キーの組合せ：key bind）でスピーディに実行

図 2.4　RStudio の起動画面：スクリプトの作成

できる．例えば，新しいスクリプトを素早く開始する方法として，
Windows では Ctrl + Shift + N，macOS では command + shift + N
のキーを同時に押せばよい．マウスで操作することに慣れていて
も，キーバインドを覚えておくことは便利であろう．なお，広く使
用されているコマンドを含む便利なチートシート（**Cheat Sheets**）
が，RStudio のヘルプ（**Help**）から直接ダウンロードできる．

▎3.　スクリプトの実行

　コードの記述（コーディング）のために用いることのできるエ
ディタは RStudio 以外にも多数あり，読みやすくするために色や
インデントを自動的に追加する機能があるなど，どれも非常に便利

図 2.5　初めてのスクリプトファイルの作成

である.

　RStudio のエディタは R のために特別に開発されたものの一つであり，スクリプトを編集しながらコードを簡単にテストできる点で優れている．以下に簡単な例を示そう．

　まず，新しいスクリプトを開こう．次に，その新しいスクリプトに名前を付けて保存する．Windows では Ctrl ＋ S，macOS では command ＋ S を使用すればよい．ここではスクリプトに「first-script.R」と名付けよう．これで，最初のスクリプトの編集準備が整った．

　ところで，R ではさまざまな機能が**パッケージ**（アドオン）の

形で提供されており，必要なものをダウンロードしインストールすると使用することができるが，このダウンロードとインストールの作業をスクリプト内に記述することができる．R スクリプトの最初に，必要とするパッケージを関数 install.packages() を使ってインストールし，関数 library() を使ってまとめてロードする．例として，図 2.6 では，クラスタリングを行うためのパッケージ ggdendro を使用し，データセットに USArrests を用いた，米国の 50 州のクラスタリングの結果を図示している．データセット USArrests には，1973 年の米国の 50 州のそれぞれの，暴行，殺人，レイプによる住民 10 万人あたりの逮捕数と都市部に住む人口の割合が含まれている．コードを実行するには，スクリプトの編集ペインの右上にある [Run] をクリックする．あるいは，Windows であれば，Ctrl + Shift + Enter，macOS であれば command + shift + return を使用できる．

　コードを実行すると，コードが R コンソールに表示され，作成さ

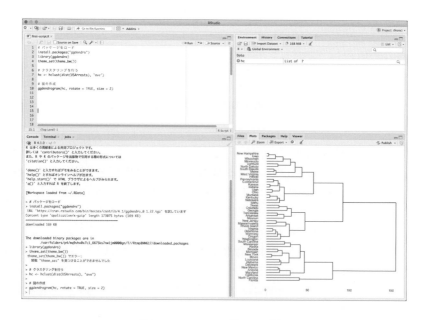

図 2.6　RStudio を実行した画面

れた図はプロットコンソールに表示される．プロットコンソールには，さまざまなプロット間で前後にクリックしたり，プロットを拡大したり，プロットをファイルとして保存したりできる便利なインタフェースが備わっている．

スクリプト全体ではなく 1 行ずつ実行するには，Windows では Ctrl + Enter，macOS では command + return を使用すればよい．

▌4. RStudio オプションの変更

RStudio の外観や機能は，オプションの変更により変えることができる．オプションを変更するには，[Tools]→[Global Options] の順に選ぶ．ここでは，図 2.7 のような変更を推奨する．すなわち，

- Restore .RData into workspace at startup のチェックを外す．
- Save workspace to .RData on exit を Never に変更する．

既定では，R や RStudio を終了すると，作成したすべてのオブジェクトが.RData というファイルに保存される．これにより，同じフォルダでセッションを再開したとき，これらのオブジェクトが読み込まれるようになる．他人とコード（スクリプト）を共有する場合，例えば同名の.RData ファイルをもっていると混乱が生じる原因となり得る．

▌5. R パッケージのインストール

R をインストールしただけでは，ごく一部の機能しか使えない．最初にインストールした状態の R は，base R と呼ぶ．base R への追加機能として，多くの開発者がパッケージ（アドオン）を提供している．2022 年 8 月 21 日現在，**CRAN**（The Comprehensive R Archive Network）から入手できるパッケージ数は 18 482 である．図 2.6 にも示したが，必要なパッケージは次のようにインストールすればよい．

リスト 2.2　パッケージ ggdendro のインストール

```
1: install.packages("ggdendro")
```

　なお，本書に載せた R のコードは，しかるべきパッケージがインストールされている前提で書かれているので，必要に応じてパッケージをインストールして読み進めていただきたい．

　RStudio では，[Tools] タブに移動し，[Install Packages] を選択して，パッケージをインストールすることもできる．その後は，パッケージを R セッションにロードするためには，次のように関数 library() を用いる．

リスト 2.3　パッケージ ggdendro のロード

```
1: library(ggdendro)
```

　パッケージをいったんロードすると，R セッションを終了するまで，このパッケージの機能を使うことができる．パッケージをロー

図 2.7　RStudio のグローバルオプション画面

ドしようとしてエラーが発生した場合は，まずパッケージが既にインストールされているかを確認しよう．

また，次のようにすると，一度に複数のパッケージがインストールできる．

リスト 2.4　複数のパッケージのインストール

```
1: install.packages(c("tidyverse", "ggdendro"))
```

なお，上のパッケージ tidyverse は，他のいくつかのパッケージと依存関係があるため，tidyverse をインストールすると依存関係にあるパッケージも同時にインストールされる（このような動作を示すパッケージはほかにもある）．このとき，関数 require() や関数 library() を使い tidyverse をロードすると，依存関係にあるパッケージも同時にロードされる[*1]．

R の新規インストールを実行する必要がある場合は，スクリプトを実行するだけですべてのパッケージを再インストールできるため，作業に必要なすべてのパッケージのリストをスクリプトに保持しておくと便利である．また，関数 installed.packages() を使用して，インストールしたすべてのパッケージを確認できる．

リスト 2.5　インストールしたすべてのパッケージの確認

```
1: installed.packages()
```

■ 2.5　R の基本

本書では，すべてのデータ分析に R の環境を使用している．作業を保存するために，RStudio などの IDE の使用を勧める．

ここでは，R の基本について解説する．

オブジェクト（**object**）：後に使用するために，変数に値を格納することがよく行われる．その際，代入を意味する記号 <- を用いる（等号 = を用いることもできる）．また，関数 print により，格納されている値を表示できる．なお，以下のリストにおいて，> で始まる行は入力，それ以外の行は出力を表している．

リスト2.6　オブジェクト

```
1: > a <- 1
2: > b <- 2
3: > print(a+b)
4: [1] 3
```

R に格納されているものをオブジェクトという．オブジェクトの例として，変数のほかに，関数やデータフレームなどがある．

ワークスペース（**workspace**）：オブジェクトを定義すると，ワークスペースが変更される．次のように関数 ls() を用いて，ワークスペースに保存されているすべての変数を確認できる．RStudio では，ワークスペースに保存されている変数は Environment タブに表示される．

リスト2.7　ワークスペースに保存されている変数の確認

```
1: > ls()
2: [1] "a" "b"
```

関数（**function**）：R には，いくつかの事前に定義された関数が含まれており，データ分析の際には，それらの関数がよく使われる．

　例えば，2 の平方根 $\sqrt{2}$ の計算には，関数 sqrt() を使用する．これまで紹介した install.packages()，library()，ls() も，頻繁に使う関数の例である．ユーザが定義していないこれらの関数は，ワークスペースには表示されない．

　関数を評価するためには，sqrt(a) のように括弧 () が必要である．

リスト2.8　関数の評価

```
1: > sqrt(a)
2: [1] 1
```

括弧を付けなければ，関数を定義するコードが表示される．

リスト2.9　関数の定義の表示

```
1: > log
2: function (x, base = exp(1))  .Primitive("log")
```

R には，非常に便利なマニュアルが含まれている．関数がど

のような引数を期待し，何を出力するかなどを確認するために，help("sqrt") あるいは?sqrt のように入力することで確認できる．

　別の例を示す．例えば，関数 log の引数としては，x, base の二つが必要である．ただし，x は入力が必要な引数であり，base はあらかじめ base = exp(1) とセットされているオプションである（exp(1) は e^1 のこと，ただし e は自然対数の底）．したがって，base が省略されたときには，log(x) は自然対数を出力する．

　ヘルプシステムを開かずに引数を素早く確認したい場合は，次のようにすればよい．

リスト2.10　関数の引数の確認

```
1: > args(log)
2: function (x, base = exp(1))
3: NULL
```

　関数の引数は，順番が重要である．混乱するおそれがあるときには，以下のように引数の名前を付けることを勧める．

リスト2.11　関数の引数の順番

```
1: > log(4,2)
2: [1] 2
3: > log(2,4)
4: [1] 0.5
5: > log(base=2,x=4)
6: [1] 2
```

その他の定義済みのオブジェクト：R には，円周率 π（pi），無限大 ∞（Inf）などの数学定数や，変数を表すための記号としてのアルファベット（a，b，$\cdots$）が定義されている．

リスト 2.12　その他の定義済みのオブジェクト

```
1: > pi
2: [1] 3.141593
3: > Inf - 1000
4: [1] Inf
5: > letters
6:  [1] "a" "b" "c" "d" "e" "f" "g" "h" "i" "j" "k" "l" "m"
       "n" "o" "p" "q" "r"
7: [19] "s" "t" "u" "v" "w" "x" "y" "z"
```

　その他，いくつかデータセットも定義されている．その一覧表を確認するには次のように入力する．

リスト 2.13　Rの定義済みのデータセットの確認

```
1: > data()
```

　例えば，学生の髪の毛と目の色に関するデータセット HairEyeColor があるとき，HairEyeColor と入力すればデータの詳細を確認できる．

リスト 2.14　学生の髪の毛と目の色

```
 1: > HairEyeColor
 2: , , Sex = Male
 3:
 4:         Eye
 5: Hair    Brown  Blue  Hazel  Green
 6:   Black    32    11     10      3
 7:   Brown    53    50     25     15
 8:   Red      10    10      7      7
 9:   Blond     3    30      5      8
10:
11: , , Sex = Female
12:
13:         Eye
14: Hair    Brown  Blue  Hazel  Green
15:   Black    36     9      5      2
16:   Brown    66    34     29     14
17:   Red      16     7      7      7
18:   Blond     4    64      5      8
```

ワークスペースの保存：R で定義したオブジェクトを，関数 rm を使って消去することができる．

リスト 2.15　オブジェクトの消去

```
1: > a
2: [1] 1
3: > rm(a)
4: > a
5: Error: object 'a' not found
```

関数などのオブジェクトは，消去しない限り，セッション終了までワークスペースに残る．ワークスペースをセッションの終了時に自動的に保存することは勧めないが，代わりに次のように特定の名前を割り当てて保存することを勧める．

リスト 2.16　ワークスペースの保存

```
1: > save(file = "ファイルのパスを含めたファイル名")
```

関数 load() を使用して保存されたワークスペースをロードできる．

リスト 2.17　ワークスペースのロード

```
1: > load(file = "ファイルのパスを含めたファイル名")
```

コメント：R では，記号#で始まるコード（スクリプト）は評価されないため，記号#はコメント用に使用される．複雑なコードを書くとき，意図などをコメントに書くことを勧める．

以下の演習問題は，R のさまざまな関数や機能を用いる．参考文献の 32) や 34) などを参照しながら取り組んでいただきたい．

演 習 問 題

問1　R を用いて，以下を順番に実行せよ．

(1)　1〜30 の整数を 1 列目から小さい順に並べてできる 6 行 5 列の行列 A を作成せよ．

(2) A の第1行から第3行まで，第2列から第4列までの部分行列をつくれ．

(3) A の転置 $A^\top$ と A の積 $B = A^\top A$ を計算せよ．

(4) $B = A^\top A$ の次元を求めよ．

(5) 行列 A をデータフレームに変換せよ．

(6) データフレーム A の列名として，$V1$，$V2$，$V3$，$V4$，$V5$ を付けよ．

(7) ベクトル $V1$ と $V2$ の差を計算せよ．

(8) ベクトル $V1$ と $V2$ の内積を計算せよ．

(9) ベクトル $V1$ と $V2$ のユークリッド距離を計算せよ．

問2 Rを用いて，以下を順番に実行せよ．

(1) 乱数は毎回異なる．そこで，シミュレーションの結果の再現性の担保やプログラムのミスを発見しやすくするため，乱数を用いる計算では乱数の種を固定することを推奨する．整数 123 を使って，乱数の種を固定せよ．

(2) 標準正規分布に従う擬似乱数を 100 個生成し，これらの乱数をベクトルとしてオブジェクト x に格納せよ．

(3) x の平均を計算せよ．

(4) 平均 0, 標準偏差 1/100 の正規分布に従う擬似乱数を 100 個生成し，これらの乱数をベクトルとしてオブジェクト e に格納せよ．

(5) x のそれぞれの成分を半分に縮小し，e のそれぞれの成分を加えたベクトル y を計算せよ．

(6) y の分散を計算せよ．

(7) x と y の相関係数を計算せよ．

(8) x と y の散布図を描け．

(9) y のヒストグラムを描け．

(10) $z = 0.5x + 0.1x^2 + e$ とし，z と x の相関係数を計算せよ．x と y の相関係数と比較せよ．

問3 Rを用いて，次の各問いに答えよ．

(a) N を自然数とする．すべての自然数 $n \leq N$ に対して，n の2乗をプリントする関数 squared() を定義せよ．また，関数が正しく定義されているかを，$N = 10$ で確かめよ．

(b) 2変数関数 xy.function() を $x + \log(y)$ として定義せよ．ただし，y の値は省略可能で，省略されるときは既定の値 $y = 1$ とする．そのうえで，xy.function(2), xy.function(2,1), `xy.function(2,2)` をそれぞれ計算せよ.

(c) $x = \{x_1, \ldots, x_n\}$ とし, m を x の平均, s を x の標準偏差とする. x の標準化 $\{(x_1 - m)/s, \ldots, (x_n - m)/s\}$ を行うための関数を定義せよ.

問 4 R を用いて, 次の各問いに答えよ.

(a) ライブラリ `MASS` をインストールせよ.

(b) `MASS` の中の `Boston` というデータフレームの最初の数行を表示せよ.

(c) 変数 rad (高速道路へのアクセスしやすさ) と住宅価格 medv との散布図を描け.

(d) 変数 rad をカテゴリカル変数 (結果がいくつかの排反なグループまたはレベルに分類される離散型変数) に変換して, 再度住宅価格 medv との散布図を再度作成せよ.

(e) 変数 crim, rm, age, dis, black, lstat, medv 間の散布図を同時に描け.

第3章

データの記述・可視化

　本章では，標本[*1] として得られたデータを要約し，データの特徴を把握するさまざまな方法について学ぶ．まず 3.1 節では，データの性質をいろいろな観点から分類しておく．データ解析の際に適用すべき手法は，データのもつ性質に応じて適切に選ばなければならないので，データの性質を理解しておくことは重要である．次に，データからの特徴抽出の方法には，データをいくつかの数値として要約する方法と，それを図として要約する方法があり，それぞれ 3.2 節，3.3 節，および 3.4 節で解説する．これらの方法は第 9 章で扱う推定や検定などの統計的推測を行う際に有用であるし，予備的な検討としてデータの得られた状況や方法，かけ離れた値や欠測値などについて吟味したり，データのもつ情報を可能な限り記述・可視化して抽出したりすることは，第 10 章以降で扱う統計的機械学習手法によるモデリングを行ううえで重要である．

*1　標本について詳しくは 9.1 節で扱う．本章ではひとまずデータと思って読んでいただければ十分である．

3.1　データの種類と性質

　表 3.1 は，高血圧患者に対する仮想的な介入研究の結果である．全体で 20 人の対象者は実薬群とプラセボ群に 10 人ずつランダム

表 3.1 高血圧患者に対する仮想的な介入研究の結果. 収縮期
血圧〔mmHg〕の介入前値と後値が測定されている.

群	介入前	介入後	差
実薬	165	141	−24
実薬	174	151	−23
実薬	146	125	−21
実薬	176	158	−18
実薬	145	127	−18
実薬	150	133	−17
実薬	151	135	−16
実薬	158	143	−15
実薬	176	162	−14
実薬	183	174	−9
プラセボ	175	164	−11
プラセボ	185	175	−10
プラセボ	152	146	−6
プラセボ	158	153	−5
プラセボ	177	174	−3
プラセボ	165	162	−3
プラセボ	153	151	−2
プラセボ	142	143	1
プラセボ	164	166	2
プラセボ	145	152	7

に割り付けられ，収縮期血圧の介入前値と後値が測定された.

　一般に，身長や体重，また表 3.1 の血圧などのように，定量的な値で与えられるデータを**量的データ**という．これに対し，表 3.1 の実薬もしくはプラセボを表す介入群のように，カテゴリを区別するためのデータを**質的データ**という．

　データは量的データと質的データに分類されるが，測定の**尺度**によってさらに分類することができる．まず，質的データの分類について考えよう．性別や表 3.1 の介入群のように，カテゴリを区別することだけに意味がある尺度を，**名義尺度**という．性別の場合には，数値を与える場合には「男に 1，女に 2」と与えることもできるし，「男に 0，女に 1」と与えてもよい．後者のように質的変数に 0，1 の数値を与える場合，その変数を**ダミー変数**と呼ぶ．ダミー

変数は第 11 章で扱う回帰分析において重要な役割を果たす．これに対し，例えばがんの病期（ステージ）のように，カテゴリ間に何らかの意味での順番が考えられるような尺度を，**順序尺度**という．がんの病期の場合，例えば進行するにつれ 1, 2, 3 のように 1 ずつ大きくなっていく数値を与えるのが常識的である．しかし，現実的な重症度としては，病期 1 と 2 との差は，病期 2 と 3 の差と同じとは限らないことに注意しなければならない．なお，順序尺度に与えた数値は量的データとして扱うこともあるが，その際には上述のことを踏まえて扱う必要がある．

　次に，量的データについて考えよう．例えば，摂氏単位の温度は，1 気圧のもとでの水の凝固点を 0，沸点を 100 として，その間を 100 等分したもので表すが，例えば「60 度は 30 度の 2 倍熱い」という比例の意味合いはない．他の例としては時刻なども考えられるが，このような尺度は**間隔尺度**と呼ぶ．これに対し身長や体重などは，ある対象者の数値が他と比較して何倍大きいかを論ずることに意味がある量である．このような尺度は**比尺度**と呼ぶ．摂氏で測った温度は間隔尺度であるが，絶対温度は比尺度である．

　データはまた，ひとまとまりとして考える変数の数によって分類することもできる．表 3.1 において，各患者の介入前の血圧のデータだけに注目する場合には，そのデータは**1 次元データ**と呼ぶ[*1]．これに対し，介入群間で介入前後の血圧の差が違うかを調べたい場合には，各患者について群と血圧の差の両方を測定したデータが必要になる．このようなデータは注目している変数の数が 2 であるので，**2 次元データ**と呼ぶ．一般には，多数の変数が与えられているデータを，**多次元データ**または**多変量データ**という．多次元データを構成している各変数が，量的データであるか質的データであるか，またはそれらが混在しているかによって，また解析の目的によって，適用すべきデータ解析手法は異なる．

　また，興味のある変数の時間変動に注目するか否かによるデータの分類も考えられる．例えば，ある株の価格の時間的変動や，ある地域の大気汚染濃度の経年変化などのように，同一の対象の異なる時点で得られるデータを，時系列データという．これに対し，選挙前の世論調査の結果や健康診断における検査結果などのように，同

[*1]　本章では，主として 1 次元データの記述・可視化を扱う．

じ時点での異なる対象の調査結果や測定結果を表すデータを，クロスセクショナルデータ，あるいは横断データという．さらに，市場調査などでは，調査対象集団を構成する対象者に対して継続的に繰り返し調査を行うことがあるが，そのようにして得られるデータを，経時測定データ，縦断データ，あるいはパネルデータという．

■ 3.2 データの要約方法 1：データの中心を表す尺度

本節と次節では，データを数値的に要約する方法について学ぶ．データの要約には，データをその中心を表す尺度にまとめる方法（本節で扱う），バラツキの程度を表す尺度にまとめる方法（次節で扱う），およびその他の尺度にまとめる方法などがある．

なお，本節と次節を通して，与えられるデータは $(x_1, x_2, \ldots, x_n)$ と表すことにする．このときのデータの個数 n を，与えられた**データの大きさ**と呼ぶ．

▌1. 標本平均
次式で与えられる量を，**標本平均**または単に**平均**という．

$$\bar{x} = \frac{1}{n} \sum_{i=1}^{n} x_i \tag{3.1}$$

これは n 個のデータの算術平均であり，$\sum_{i=1}^{n}(x_i - a)^2$ を最小にする a の値として特徴付けられる．すなわち，標本平均は，各データ x_i との差の 2 乗和を最小にする値である．別の表現をすれば，標本平均の回りのデータのバラツキ（2 乗和）が最小になる．この意味で，標本平均は，データの中心的位置を表す尺度と考えられる．標本平均は，すべてのデータの値を用いて計算するので情報は多いが，データの中に極端に大きな（または小さな）値があると，その影響を受けやすい性質があることに注意が必要である[*1].

*1 「極端に大きな（または小さな）値」を，はずれ値と呼ぶ（次項参照）．

▌2.　標本中央値

次式で与えられる量 m を，**標本中央値**または単に**中央値**（メディアン）という．

$$m = \begin{cases} x_{((n+1)/2)} & (n \text{ が奇数のとき}) \\ \dfrac{x_{(n/2)} + x_{((n/2)+1)}}{2} & (n \text{ が偶数のとき}) \end{cases} \tag{3.2}$$

ここで $x_{(j)}$ は，データ $(x_1, x_2, \ldots, x_n)$ を大きさの順番に並べたとき，小さいほうから j 番目の値をもつデータを表す（$j = 1, 2, \ldots, n$）．これらは順序統計量（の実現値）と呼ぶ．標本中央値 m は，データを大きさの順に並べたときに中央にくる値であり，例えば $n = 100$ であれば小さいほうから 50 番目のデータと 51 番目のデータの平均であり，$n = 99$ であれば小さいほうから 50 番目のデータである．

また，標本中央値は $\displaystyle\sum_{i=1}^{n} |x_i - b|$ を最小にする b の値として特徴付けられる．すなわち m は，各データ x_i との差の絶対値の和を最小にする値である．別の表現をすれば，中央値とはその値以上のデータが半数以上，その値以下のデータも半数以上あるような値であり，この意味でデータの中心的位置を表す尺度と考えられる．

標本中央値 m は，標本平均とは異なり，極端に大きな（または小さな）値があってもその影響は受けにくい．例えば，表 3.1 の介入前の血圧値の最大値は 185 であるが，それをどのように大きな値に入れ替えたとしても，m の値は変化しない．このときの「極端に大きな（または小さな）値」を，**はずれ値**と呼ぶ．また，はずれ値の影響が少ないという性質は**頑健性**（**ロバストネス**）と呼ぶことがあり，少数のデータの値やその変動の影響を受けにくいという意味で好ましい性質である．

▌3.　標本最頻値

データの中で最も頻繁に現れる，すなわち度数が最多の数値のことを**標本最頻値**，または単に**最頻値**（モード）といい，Mo と表す．この定義によれば，もしデータの値がすべて異なる場合には，それらの各値の度数（頻度）は 1 でありすべてが最頻値となるが，この

ような場合には最頻値を考えることに意味がない．なお，いくつかのカテゴリ（階級）に分類されたデータに対して最頻値を考えることが多いが，この場合には度数の最も多い階級における中点（階級値と呼ぶ）を最頻値と扱う．

▌ 4. 標本平均，標本中央値，標本最頻値の違い

ここまでで，データの中心を表す尺度として 3 種類のものを考えたが，それらはどのように異なるのだろうか．これを見るために，次の例を考えてみよう．

例 3.1　　　いまある小さな会社の社員の年収が，以下であったとしよう．

　400，　400，　400，　500，　700，　1 300，　2 600　　（単位：万円）

この場合，平均，中央値，最頻値は次のようになる．

平　均　　$\bar{x} = 900$ 万円
中央値　　$m = 500$ 万円
最頻値　　$Mo = 400$ 万円

この結果を見ると，平均 $\bar{x}$ は 2 600 万円や 1 300 万円といった多額の年収の影響を受けてかなり大きくなっている．平均より年収の多い人は 2 人だけであり，他の 5 人の社員は平均よりかなり少ない．このように平均は，極端に大きい（または小さい）値の影響を受けやすいことがわかる．一方，最頻値 Mo は，社員の最低年収 400 万円である．これに対し，中央値 m は 500 万円であり，これより年収の多い人が 3 人，少ない人が 3 人である．したがって，常識的には，この会社の社員の平均的な年収を表す数値としては中央値が適当ではないかと思われる．

また，図 3.1 に国民の年間の世帯所得の分布を示す[57]．この図では，平均，中央値，最頻値は次のようになっている．

平　均　　$\bar{x} = 552.3$ 万円

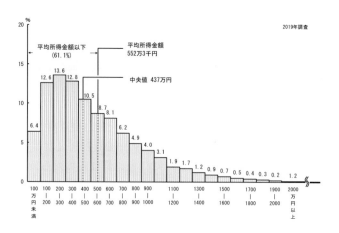

図 3.1　国民の年間の世帯所得の分布

中央値　　$m = 437$ 万円

最頻値　　$Mo = 250$ 万円

この場合でも，平均 $\bar{x}$ は少数の高額所得者の影響で三つの指標の中では最大の値となっていることがわかる．

　一般に，左右対称でひと山の分布であれば，平均，中央値，最頻値は比較的近い値を示すことが知られている．一方，年間所得の分布のように右の裾が長い分布では，

平均 > 中央値 > 最頻値

となる傾向がある．

■3.3　データの要約方法 2：データのバラツキを表す尺度

　データの要約方法として，ここではデータのバラツキの程度を表す尺度にまとめる方法を解説する．

■1.　標本分散

n 個のデータの標本平均 $\bar{x}$ の回りのバラツキの程度を表す尺度に

ついて考えてみよう．最初に考え付くものは，$\displaystyle\sum_{i=1}^{n}(x_i - \bar{x})$ であろ
う．しかしこの値を計算すると，常に

$$\sum_{i=1}^{n}(x_i - \bar{x}) = \sum_{i=1}^{n}x_i - n\bar{x} = 0$$

となってしまう．これは $(x_i - \bar{x})$ の値の正負がキャンセルしてし
まうためである．そこで，すべての値が正になるように，$(x_i - \bar{x})$
の2乗を考える．これをすべてのデータについて平均した量として，次が得られる．

$$s_n^2 = \frac{1}{n}\sum_{i=1}^{n}(x_i - \bar{x})^2 \tag{3.3}$$

この尺度を，**標本分散**（または単に**分散**）と呼ぶ．しかし，x_i と $\bar{x}$
の間には $\displaystyle\sum_{i=1}^{n}x_i = n\bar{x}$ という一つの関係があるので，平均と $n-1$
個のデータの値がわかれば，残りの1個のデータの値は復元でき
てしまう．その意味で，s_n^2 では本来のデータのもつバラツキを過
小評価してしまっているという見方もできる．実際に，上式において
て n で割る代わりに $n-1$ で割るほうがある意味で良い性質をもつ
ことが示せる．そこで，標本分散は次のように定義されることがあ
り，特にこれを**不偏分散**と呼ぶ．

$$s^2 = \frac{1}{n-1}\sum_{i=1}^{n}(x_i - \bar{x})^2 \tag{3.4}$$

標本分散 s_n^2 の計算方法：ここで，パソコンなどで標本分散 s_n^2 を計
算する方法について考えてみよう．式 (3.3) のとおり計算しよう
とすれば，まずデータ x_i を読み込んで $\bar{x}$ の値を計算し，次に再
度データ x_i を読み込んでから $(x_i - \bar{x})$ を計算することにより，
s_n^2 の値を計算しなければならない．つまり，データ x_i を2度読
み込む必要がある．ところで

$$\sum_{i=1}^{n}(x_i - \bar{x})^2 = \sum_{i=1}^{n}(x_i^2 - 2x_i\bar{x} + \bar{x}^2) = \sum_{i=1}^{n}x_i^2 - n\bar{x}^2$$

と変形できるから，

$$s_n^2 = \frac{1}{n}\left\{\sum_{i=1}^{n} x_i^2 - n\bar{x}^2\right\} \tag{3.5}$$

となる．このようにして s_n^2 を計算すれば，データ x_i を読み込むたびにその 2 乗和と和（平均）とを計算することにより，データの読み込みは 1 回で済むことになり，計算の効率化が図れる．

　コンピュータを用いて平均や分散を計算することはしばしば行われるが，その際時間がかかるのはデータの読み込みである．したがって，データ数が多い場合，特に Microsoft Excel などの表計算ソフトを使って計算を行う際には，データの読み込みが 1 回で済むことのメリットは大きい．

▌2.　標本標準偏差

標本分散 s_n^2（または s^2）の計算では，データを 2 乗しているので，その単位はデータの単位の 2 乗になってしまう．例えば表 3.1 の血圧値の例であれば，s_n^2 の単位は $[(\mathrm{mmHg})^2]$ となる．しかし，血圧データのバラツキを表す単位が元の単位とは異なるので，解釈が難しいという問題がある．そこで，s_n^2（または s^2）の正の平方根をとり，それを**標本標準偏差**または単に**標準偏差**と呼び，s_n（または s）と書くことにすれば，

$$s_n = \sqrt{\frac{1}{n}\sum_{i=1}^{n}(x_i - \bar{x})^2} \tag{3.6}$$

$$s = \sqrt{\frac{1}{n-1}\sum_{i=1}^{n}(x_i - \bar{x})^2} \tag{3.7}$$

となる．ここで s_n は s_n^2 の単調増加関数であるので，s_n^2 が大きくなれば s_n も大きくなり，標準偏差 s_n も分散と同様に $\bar{x}$ の回りのバラツキの程度を表す尺度と考えられる．

　ちなみに，データが正規分布と呼ばれる左右対称の釣鐘状の分布に従う場合（第 7 章参照），(平均) − (標準偏差) から (平均) + (標準偏差) の間にデータ全体の約 68%，(平均) − 2(標準偏差) から (平均) + 2(標準偏差) の間にデータ全体の約 95%，(平均) −

3(標準偏差) から (平均) + 3(標準偏差) の間にデータ全体の約 99.7% が含まれることが知られている．人の身長や体重の分布などは，正規分布に近いことが知られている。

▌3. 標本平均偏差

3.3.1 項で標本分散を導いたのと同様な考え方により，n 個のデータの標本平均の回りのバラツキの程度を表す尺度として，$(x_i - \bar{x})$ の絶対値を考え，それをすべてのデータについて平均した量として表した尺度も考えられる．これを**標本平均偏差**（または単に**平均偏差**）と呼び，MD と書くことにすれば，MD は次で与えられる．

$$MD = \frac{1}{n} \sum_{i=1}^{n} |x_i - \bar{x}| \tag{3.8}$$

この値を計算するためには，データ x_i の読み込みが 2 回必要であり，計算の手間がかかる．また，$(x_i - \bar{x})$ の 2 乗と違って $(x_i - \bar{x})$ の絶対値は x_i に関して微分可能ではないという欠点がある．しかし，MD はデータ x_i と同じ単位をもっている．また，データの中に極端に大きい（または小さい）値をもつはずれ値がある場合，分散に比べてその影響が小さいという性質ももっており，この意味で頑健性をもつバラツキの尺度である．

▌4. 標本範囲

データのバラツキの程度の表現として，n 個のデータが散らばっている範囲を指定する尺度も考えられ，これを**標本範囲**または単に**範囲**といい，記号 R で表す．3.2.2 項での記法と同様に，データの最大値，最小値をそれぞれ $x_{(n)}$, $x_{(1)}$ と表すと，R は次で与えられる．

$$R = x_{(n)} - x_{(1)} \tag{3.9}$$

これは考え方としては極めて単純であり，またデータと同じ単位をもつこともあり，実際によく使われるバラツキの尺度である．しかしながら，特にデータが多いときにはデータの最大値と最小値は集団の中で最も極端な単一のデータの値を示しており，R ははずれ値

の影響を極めて受けやすいことに注意が必要である．

▍5.　四分位範囲

データを大きさの順に並べたとき，小さいほうから $1/4$ の大きさをもつ値を q_L と書き，これを**下側四分位点**という．また大きいほうから $1/4$ の大きさをもつ値を q_U と書き，これを**上側四分位点**という．このときデータのバラツキを表す尺度の一つである**四分位範囲** Q は，次で定義される．

$$Q = q_U - q_L \tag{3.10}$$

四分位点に該当するデータがない場合には，線形補間により計算を行う．また，四分位範囲 Q は小さいほうと大きいほうの $1/4$ に当たるデータを使用するため，範囲 R と比較すると外れ値の影響は受けにくい．

なお，以下の五つの数をまとめて 5 数要約と呼び，分布の形状を判断するために用いられる．

- 最小値
- 下側四分位点（第一四分位数）
- 中央値（第二四分位数）
- 上側四分位点（第三四分位数）
- 最大値

■3.4　データのグラフ表示

本節では，グラフを用いて，量的データを可視化する方法について解説する．

下記は，脂質異常症患者に対する仮想的な介入研究の結果である．全体で 20 人の対象者を実薬群とプラセボ群に 10 人ずつランダムに割り付け，血清 LDL コレステロールの介入前値と後値を測定し変化量（単位は mg/dL）を群別に記録したものである．

実薬群

$-40,\quad -5,\quad -45,\quad 5,\quad -30,\quad -40,\quad -10,\quad -15,\quad 0,\quad 10$

プラセボ群

$-20,\quad -25,\quad -25,\quad -20,\quad -5,\quad -15,\quad -5,\quad -10,\quad 35,\quad 10$

以下では，このデータを用いて種々のグラフ表示方法を紹介していく．

▌1. 箱ひげ図

箱ひげ図は図 3.2 に示されているように，「箱」に「ひげ」を付けたような図である．箱の上側の値は上側四分位点 q_U に，下側の値は下側四分位点 q_L に対応している．したがって，箱の縦の長さは，四分位範囲の大きさ Q を表している．

また，箱の中央部分に引かれた横線は，中央値 m に対応している．

箱から上下に伸びた縦線（「ひげ」）の下側端点はデータの最小値

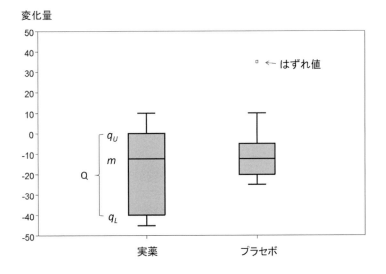

図 3.2　コレステロール変化量に関する群別の箱ひげ図

$x_{(1)}$ に，上側端点は最大値 $x_{(n)}$ に対応している．したがって，「ひげ」の上端から下端までの長さは，範囲の大きさ R を表している．

これらの図より，実薬群のほうがプラセボ群よりも全体的に変化量が（負の値として）大きくなっていることが見て取れる．また，実薬群では，四分位範囲 Q が大きいので，バラツキが大きい傾向にあることがわかる．はずれ値は，それ以外のデータとかけ離れたように見える値であることを踏まえ，通常は箱の上端または下端から，四分位範囲の 1.5 倍以上離れている値をはずれ値とみなし，図 3.2 のプラセボ群の一つのデータのように，個別にプロットして表示する．

以上のように，箱ひげ図によれば，いくつかの群のデータの分布の比較を容易に行うことができるという利点がある．また，データの分布の歪みや中央値の回りの集中度などを見て取ることができ，大変便利な可視化方法である．

▌2.　ヒストグラム

箱ひげ図はデータの分布を直感的に把握できる優れた方法であるが，データ数がかなり多くなると不便な場合がある．そのような場合には，与えられたデータをいくつかの階級に分類し，各階級に属するデータの度数を数え，棒グラフとして表現することが有用である．これをデータの**度数分布**という．度数分布のグラフの縦軸は度数であり，横軸は計測したデータの階級（データを適当な区間で区切ったもの）である．したがって各棒の面積の和は一般には 1 にならない．ところで，7.1 節で述べるように，確率分布の面積は 1 であり，度数分布をこれらの確率分布と比較するためには，度数分布の縦軸の単位を調節して，面積が 1 になるようにしておくと便利である．具体的には縦軸の度数を面積で割った単位にしておけばよい．このようにしたグラフを，データの**ヒストグラム**という．ヒストグラムと度数分布は形状が同じであるため，この区別はそれほど厳格に考えなくてもよいであろう．

次に度数分布と横軸は同じとし，階級の上側端点の位置にその階級以下の度数の累積値をプロットした折れ線グラフを，**累積度数分布**と呼ぶ．度数分布の場合と同じように，これを相対的に表現した

グラフ，すなわち縦軸に**累積度数**をデータ数（データの大きさ）で割った値（**累積相対度数**）をプロットしたグラフを，**累積相対度数分布**と呼ぶ．これは第7章で学ぶ確率分布の分布関数と呼ぶものに対応している．ヒストグラム，累積相対度数分布は，多数個のデータの分布の特徴を把握するのに極めて有用な情報を提供する．

　ヒストグラムにおいては，階級幅を小さくしすぎるとそれぞれの階級に入る度数が小さくなるため全体的な傾向がつかみにくくなる．一方で，階級幅を大きくしすぎると大きな傾向は見えるが，細かな分布の形状を見つけにくくなる．データの個数も考慮しながら，いくつかの度数分布表やヒストグラムを描いて全体的な傾向を示すものを選択するのが適切であるが，多くの場合，階級の数は5〜15程度が適当であろう．

　図3.3に，コレステロール変化量に関する群別のヒストグラムを示す．この図では，データ数が10と少ないため，ヒストグラムで分布の形状を適切に把握するのはやや困難になっているが，ヒストグラムを作成することによって，量的な変数の分布の特徴を把握したり，分布の中心やバラツキの程度，全体として左右対称かあるいはどちらかの裾が長い分布かなどの有用な情報を得たりすることができる．また，図3.2における実薬群とプラセボ群のように，異なる特徴をもつ集団間を視覚的に比較するときも大変便利である．

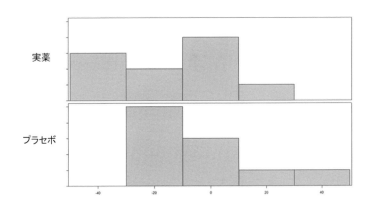

図3.3　コレステロール変化量に関する群別のヒストグラム

演習問題

問 1　ある学校でマラソン大会が開催され，各ランナーについて以下のデータが取得された．名義尺度として正しいものを答えよ．

(a) ランナーの順位

(b) ランナーのスタートからゴールまでのタイム

(c) ランナーの血液型

問 2　以下の数は，ある町における 8 月の 10 日間の最高気温のデータである．このデータから平均，中央値，最頻値を求めよ．

　35，　36，　36，　28，　31，　33，　33，　33，　31，　32　　（単位は℃）

問 3　図 3.4 は，家計調査による世帯別の貯蓄現在高のヒストグラムである．このとき，データの中心を表す尺度として平均と中央値のどちらが適切か，理由とともに述べよ．

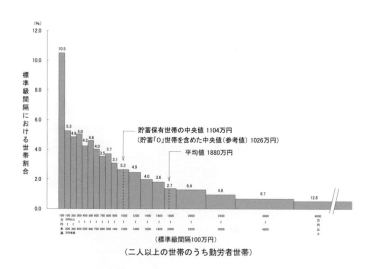

図 3.4　家計調査報告（貯蓄・負債編）－ 2021 年（令和 3 年）平均結果－（二人以上の世帯）　※総務省統計局の Web サイト[58]より

第4章

関連と因果，データ分析における注意事項

　前章では，データを記述・可視化する方法について解説したが，2変数間に関連が見られたとしても，必ずしもそれが因果関係を表すとは限らない．そこで問題になるのが，原因と結果の両者に関連する要因（交絡因子）の存在によりもたらされる，交絡という現象である．本章では，観察研究における交絡の問題を取り上げ，因果関係を明らかにするための方法について，臨床研究における治療効果の検証を例にとって解説する．

■ 4.1　観察研究における交絡の問題

　医学分野における治療法開発のためのランダム化比較試験では，十分な倫理的配慮と対象者に対する同意のもと，試験治療あるいは対照治療が各々の対象者にランダムに割り付けられる．一方，コホート研究などの観察研究では，治療や介入，曝露の程度が異なる複数の群を追跡し，群間での疾患発生や死亡等のイベント発現状況の比較が行われる．ここで，コホート研究とは，介入を行わない観察研究のうち，特定の要因に曝露した集団と曝露していない集団を一定期間追跡し，研究対象となる疾患の発生割合等を比較することにより，要因と疾病発生の関連を調べる研究のことである．ランダ

ム化比較試験と異なり治療法を研究者がコントロールできない観察研究において，曝露あるいは治療効果の推定に対して大きな困難となるのが，交絡[*1]の問題である．

*1　confounding

　事例として，Shimizu らが行った浸潤性膀胱がんにおける膀胱全摘後のプラチナベース補助化学療法群と経過観察群を比較した観察研究を考えよう[20]．表 4.1 は，研究対象となった 322 名に関する化学療法群と経過観察群の患者背景を示したものである．なお，表中の「病理学的 T 分類」は，腫瘍の大きさを表し，pT0，pT1，pT2，… とステージが上がるほど大きいことを示している．

表 4.1　Shimizu らの観察研究における術前因子の比較

*2　p 値は，各因子の分布の群間差に関する証拠の強さを示しており，p 値が小さいほど，差がある証拠が強い．詳しくは第 9 章で扱う．

		化学療法群	経過観察群	p 値[*2]
人数		74	248	
年齢		65.1 ± 10.5	68.0 ± 9.7	0.031
性別	男性	64 (86.5%)	213 (85.9%)	0.896
術前化学療法あり		10 (13.5%)	25 (10.1%)	0.405
病理学的 T 分類	pT0	3 (4.1%)	28 (11.3%)	$< .0001$
	pT1	5 (6.8%)	97 (39.1%)	
	pT2	13 (17.6%)	47 (19.0%)	
	≥pT3	53 (71.6%)	76 (30.6%)	
リンパ節転移あり		29 (39.2%)	26 (10.5%)	$< .0001$
静脈侵襲あり		46 (62.2%)	76 (30.6%)	$< .0001$
リンパ管侵襲あり		48 (64.9%)	86 (34.7%)	$< .0001$

※連続変数は平均 ± 標準偏差，カテゴリ変数は人数〔%〕で表している．p 値については，連続変数は t 検定，カテゴリ変数はカイ二乗検定の p 値を示している．

　表 4.1 を見ると，経過観察群と比較して，化学療法群で平均年齢が低く，病理学的 T 分類のステージが高い傾向があり，リンパ節転移・静脈侵襲・リンパ管侵襲の割合が高いことがわかる．介入方法と死亡の関連を検討する際，このように群間でさまざまな患者背景の分布が異なる場合，これらの因子の影響を考慮せずに群間比較を行った結果において仮に化学療法群のほうが予後が良かったとしても，介入方法の違いが因果的に生命予後の差を生み出しているのか，それとも経過観察群で平均年齢が高いために見かけ上化学療法

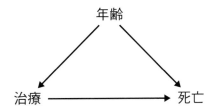

図 4.1　交絡の模式図：治療法の死亡に対する効果を検討する
　　　　際に，両者に関連する要因（年齢）の存在により，治
　　　　療群間の単純な比較では因果関係を明らかにすること
　　　　はできない

群の予後が良く見えるバイアスが生じているだけなのか，区別する
ことができない．この例での年齢のように，治療と関連していて疾
患発生にも影響を与えるような因子（**交絡因子**）により，原因と結
果の関係が歪められてしまう現象が，**交絡**である（図 4.1）．

　また，図 4.2 に，交絡未調整の治療群別の全生存期間（追跡開始
から死亡までの時間）の生存曲線のグラフを示す．生存曲線とは，
横軸に追跡開始からの時間をとり，縦軸に追跡された対象集団の生
存割合を示したグラフであり，追跡調査を伴う臨床試験で頻用され
るものである．図 4.2 によると，補助化学療法群（Adjuvant＋）の
ほうが，経過観察群（Adjuvant−）より，20 か月時点以降のどの
時点においても生存割合は低いことがわかる．しかしながら，これ
は表 4.1 に示したさまざまな要因による交絡のために，因果関係を
適切に表しているとはいいがたく，単なる関連と解釈するべきで
ある．

　以降では，交絡の存在下で偏りなく因果関係を検討するための
データ解析手法について解説する．4.2 節において，層別解析，マッ
チング，回帰モデルに基づく伝統的な交絡調整方法を解説する．4.3
節から 4.4 節では，近年観察研究データの解析に頻用されている傾
向スコアに基づく方法について，臨床研究における試験治療と対照
治療の比較を念頭に解説する．4.5 節では回帰モデルに基づく方法
等の伝統的な交絡調整方法と比較した傾向スコアの利点と欠点につ
いても解説する．最後に，4.6 節で傾向スコアを用いたデータ解析

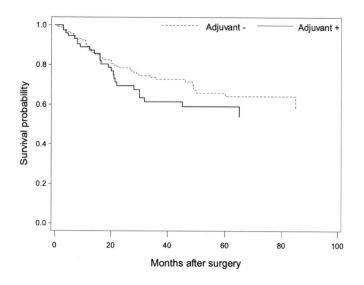

図 4.2　単純な解析結果（全生存期間）

事例について述べる．

■4.2　伝統的な交絡の調整方法

　　ここでは，層別解析，マッチング，回帰モデルに基づく伝統的な交絡調整方法について解説する．交絡の調整方法としては，研究対象の限定やマッチング等による研究計画時の配慮と，ここで述べる層別解析，マッチング，回帰モデル等による解析時の考慮の2種類が存在する（傾向スコアに基づく方法は，後者の解析時の考慮に含まれる）．

■1.　層別解析とマッチング

　層別解析は，文字通り交絡因子でデータを層に分けた後，その結果を統合する解析方法である．

　膀胱がんの術後患者における治療方法と死亡の例について，交絡

因子として静脈侵襲の有無を考える．このとき，静脈侵襲「あり」「なし」のそれぞれで死亡率の群間比較を行った場合，各層内で静脈侵襲に関する条件はそろっているため，交絡を制御した検討が可能である．死亡率比を比較の指標として用いる場合，交絡を制御した調整死亡率比が層を通じて大きく変化しない場合には，層の死亡率比の重み付き平均により層間の情報の統合が行われる．その方法の一つが，マンテル・ヘンツェル法である[7], [13]．

　マッチングは，試験群と対照群のそれぞれから，交絡因子の値が等しい対象者をランダムに選んでペアをつくり，ペアが見つかった対象者を解析対象とする解析方法である．マッチングを行うことにより，マッチングに用いた因子に関しては比較したい治療群間で分布が等しくなるため，交絡を制御した検討が可能である．

　層別解析やマッチングの欠点として，複数の交絡因子の考慮が難しい点が挙げられる．層別解析において，静脈侵襲の有無以外にも，年齢，性別，術前化学療法の有無，病理学的 T 分類，リンパ節転移の有無，リンパ管侵襲の有無などの多くの因子を考慮したい場合，特に連続的な変数を含む場合には，それらの値の組合せで層別すると各層に含まれる人数が極端に少なくなってしまい，層内で化学療法群あるいは経過観察群の対象者が存在しない層が出現してしまうことが起こり得る．これらの層では死亡率比が計算できないことから，多変数による層別により多くの情報が失われてしまう結果となる．一方，層の数を減らすために例えば年齢を 50 歳以上と 50 歳未満の 2 カテゴリのみで層別したり，解析で考慮する変数を減らしたりすると，今度は各層内で年齢や考慮していない変数の分布の群間での違いが生じ得る．このような層内での交絡は残差交絡[*1] と呼ばれ，調整解析でもバイアスが除ききれない原因となる．マッチングにおいても，複数の交絡因子がマッチする対象者を化学療法群と経過観察群のそれぞれから見つけてペアをつくることは難しく，同様の問題が生じる．

*1　residual confounding

▌2.　回帰モデル

　以上の問題に対処するために標準的に用いられているのが，重回帰モデル，ロジスティック回帰モデル，Cox 回帰モデルなどの回帰

*1　ロジスティック回帰モデルについての詳細は 12.3 節参照

モデルである*1．重回帰やロジスティック回帰はそれぞれ連続，2値のエンドポイントの解析に適しているのに対して，Cox 回帰は，死亡などのイベントが発生するまでの時間を検討する生存時間がエンドポイントの場合の解析に適している．

　追跡開始からの時点 t での死亡ハザード（瞬間的な死亡率）を $\lambda(t)$，対象者に測定される治療群を z，交絡因子の組の情報を x で表そう．このとき，死亡ハザード $\lambda(t)$ は 0 から無限大の値をとり得るので，推定結果がマイナスの値をとらないよう対数変換したものを，x の線形関数として式 (4.1) のように表現するのが自然である*2．

*2　以下，本書で用いる対数は自然対数である．

$$\log\{\lambda(t)\} = \lambda_0(t) + \beta_0 z + \beta_1 x_1 + \beta_2 x_2 + \cdots + \beta_p x_p \quad (4.1)$$

ここで，β はデータから推定すべき未知パラメータであり，$\lambda_0(t)$ は $z = 0, x = 0$ の場合のベースラインハザードである．推定方法の詳細は省略するが，最尤法と呼ぶ推定方法により β が推定される．補助化学療法群を $z = 1$，経過観察群を $z = 0$ で表すものとすると，e^{β_0} は経過観察群に対する補助化学療法群のハザード比と解釈することができる．

　10 歳刻みで分類した年齢層のように，カテゴリ変数の交絡因子をモデル化する際には，カテゴリ数より一つ少ない数のダミー変数を用いればよい．例えば，30 代，40 代，50 代，60 代の四つのカテゴリーに分類する場合，x_1, x_2, x_3 という三つの $(0,1)$ の値をとる共変量を式 (4.1) の右辺に加え，30 代の場合は $x_1 \sim x_3$ すべて 0，40 代の場合は x_1 のみ 1，50 代の場合は x_2 のみ 1，60 代の場合は x_3 のみ 1 を与えその他の場合は 0 とするのが，適切なコーディング方法の一つである．$e^{\beta_1}, e^{\beta_2}, e^{\beta_3}$ はそれぞれ 30 代を基準とする 40 代，50 代，60 代のハザード比と解釈することができる．このように，興味ある治療群に対する調整済みハザード比だけでなく，他の変数に対するハザード比を得ることができるのも，回帰モデルを用いた解析の一つの利点である．式 (4.1) の右辺に，興味ある集団あるいは個人の共変量の値の組を代入することによって，特定の個人の将来の死亡リスクを予測（predict）することも可能である．

　回帰モデルの欠点としては，モデルの強い仮定が挙げられる．例

えば，連続量の交絡因子をそのまま投入する場合，交絡因子が 1 単位増加するごとにハザード比が e^β 倍になるという仮定が生じる．代替案として，上述のように年齢をカテゴリ化してダミー変数とすることが考えられるが，十分に細かい層に区分しない場合には層別解析と同様の残差交絡の問題が生じ得る．また，年齢の層間で治療群のハザード比が大きく異なる可能性がある場合には，さらなる検討のために z と $x_1 \sim x_3$ の積の項（交互作用項）をモデルに含めた解析も行う必要がある．交互作用項をモデルに含める場合，治療群のハザード比は年齢層ごとに複数算出されるため，解釈は複雑になる．一方で，本来的に年齢層間でハザード比が異なるにもかかわらず，式 (4.1) のように交互作用項をモデルに含めない解析を行った場合には，誤ったモデルを当てはめたことによるバイアスが生じてしまう（すなわち，推定されたハザード比は治療効果として解釈できない）．さらに，2 値変数や生存時間がエンドポイントの場合，モデルで推定するパラメータ β の数（式 (4.1) では $p+1$ 個）の 10 倍程度のイベント数（死亡数や疾患発生数）が大きなバイアスを生じさせないために必要であることが知られており[16]，イベント数に比して多くの交絡因子を調整したい場合，やはり困難が生じてしまう．

■ 4.3　傾向スコア

ここまで述べたように，伝統的な交絡調整の方法は，より多くの交絡因子を考慮したい場合に用いることが難しくなる．層別解析やマッチングと比較すると，回帰モデルに基づく方法は複数の交絡因子を考慮するのに適した方法だといえるが，モデルの強い仮定とともにイベント数が少ない状況，あるいは交絡因子が非常に多い状況では適用に注意を要する．これに対し，治療を受ける条件付き確率 $\Pr(z = 1 \mid x)$ で定義される**傾向スコア**は，調整したい交絡因子すべてから計算される一つの要約スコアであり，このスコアのみを調整解析に用いれば，「未測定の交絡因子が存在しない」という仮定のもとで，正確な治療効果が推定できることが知られている[17]．後

述するように万能な方法ではないものの，傾向スコアを用いた方法は，多くの交絡因子を考慮した調整済み治療効果を算出するのに有効である．

傾向スコアの優れた特性として，バランス特性*1 が挙げられる．すなわち，傾向スコアは交絡因子 x からなる関数であり，これで条件付けると治療 z と交絡因子 x が独立になるという性質をもつ[17]．

$$Z \perp\!\!\!\perp X \mid e(X)$$

ここで，$e(X)$ は傾向スコアであり，$A \perp\!\!\!\perp B \mid C$ は，C を条件付けたもとで A と B が独立であることを示す．バランス特性が意味しているのは，傾向スコアが等しい対象者では，もともとの交絡因子 x は治療群間で均等に分布するということである．したがって，傾向スコアを条件付けた比較をすることにより，表 4.1 のような共変量の偏りがない，交絡を適切に調整した解析を行うことができる．

■ 4.4 傾向スコア解析の手順

傾向スコアは通常の観察研究では未知であるため，データから推定する必要がある．そのことを踏まえると，傾向スコアを用いた解析の手順は，以下のような手順にまとめることができる．

(a) データセットに，解析に用いる結果変数および治療群の情報とともに，調整したい交絡因子の情報を保存する．

(b) 傾向スコア $\Pr(z = 1 \mid x)$ を推定するために，結果変数を治療群，交絡因子の組を説明変数とした回帰モデルを当てはめる．例えば，以下のようなロジスティック回帰モデルを適用することが考えられる．

$$\text{logit}\{\Pr(z = 1 \mid x)\} = \gamma_0 + \gamma_1 x_1 + \cdots + \gamma_p x_p \tag{4.2}$$

ここで，$(0, 1)$ の値をとり得る w に対して，$\text{logit}(w) = \log\{w/(1 - w)\}$ と定義される．また，$\gamma_i \, (i = 0, 1, \ldots, p)$ はデータから推定すべき未知パラメータを表す．

(c) 式 (4.2) の当てはめにおいて推定された γ_i の値と個人ごとの交絡因子の値から，個人によって異なる傾向スコアの値を予測値として算出する．4.1 節で取り上げた，膀胱がん患者において化学療法群と経過観察群を比較した観察研究の事例では，化学療法群を $z = 1$，経過観察群を $z = 0$ とコーディングした場合，傾向スコアは解析対象となった集団（の母集団）で化学療法を受ける条件付き確率である．

(d) 得られた傾向スコアを 唯一の交絡因子 とみなして 4.2 節で紹介した層別解析，マッチング，回帰モデル等による調整解析を行う．

■ 4.5 傾向スコア解析の利点と欠点

▌ 1. 傾向スコア解析の利点

傾向スコアの特徴として，下記の二つの理論的な性質が知られている[17]．

一つ目は，4.3 節で述べたバランス特性である．この特徴により，傾向スコアでマッチングを行った結果，推定に考慮した交絡因子のバランスがとれることになる．

二つ目は，「解析で考慮すべき交絡因子がすべて調整されている場合（未測定の交絡因子がない場合），傾向スコアを調整すれば正確な治療効果を推定できる」というものである．これらの性質により，傾向スコアのみを交絡因子と考えて調整すれば十分であることが保証される．

伝統的な交絡調整においては，複数の交絡因子で層別解析やマッチングを行うことは難しかったが，傾向スコア一つのみの調整であれば，これらの解析を行うことは比較的容易である．実質的に交絡因子の数を一つに縮約できることが，傾向スコア解析の最大の利点である．結果として，2 値変数や生存時間が結果変数の場合にイベント数が限られていたとしても，交絡調整が可能となる．ただし，傾向スコアは条件付き確率として定義されるため，0〜1 の間

の連続値をとることに注意が必要である．完全に等しい値で層別やマッチングを行うことができないため，残差交絡の問題が生じてしまう．層別解析を行う場合は十分細かく層別することが要求されるが，傾向スコアの分位点を用いて五つ程度に層別することが推奨されている[17]．また，マッチングにおいてはペアをつくるための最大の傾向スコアの差（キャリパーと呼ぶ）を設定しておいて，その中で傾向スコアの差の合計が最小になるようにマッチすること等が提案されている[*1]．

なお，傾向スコアによるマッチングがうまくいっているかを確認するために，患者背景の標準化差[*2]が計算されることがある．第 j 番目の共変量に関する標準化差 d_j は次の数式で定義される[*3]．

$$d_j = \frac{\bar{x}_{1j} - \bar{x}_{2j}}{\sqrt{(s_{1j}^2 + s_{2j}^2)/2}} \tag{4.3}$$

ここで，$\bar{x}_{1j}$ と $\bar{x}_{2j}$ はそれぞれの群の共変量の平均値，s_{1j} と s_{2j} は標準偏差である．標準化差の絶対値が 10% 未満あるいは 25% 未満である場合，2 群間の背景は十分にバランスがとれていると解釈される[2]．

▌2. 傾向スコア解析の欠点

傾向スコアの欠点としては，伝統的な回帰モデルを用いた交絡調整法と同様に，推定のために式 (4.2) のような回帰モデルを仮定することが挙げられる．4.4 節で述べた手順 (c) で予測値を計算することが目的であるため，交互作用項や非線形の項をモデルに含めても解釈が複雑になるという問題は生じないが，正しいモデルを当てはめることができなければ，やはり推定結果にバイアスが生じてしまうことになる．また，式 (4.2) においては 2 値の治療変数を結果変数として用いるため，二つの治療群の人数の少ないほうの数により，推定可能なパラメータ数が制約されることとなる．治療群間で対象者数に偏りがある場合には，注意が必要である．最後に，傾向スコアのバランス特性から，「両群で等しい傾向スコアをもつ対象者では「ランダムに」治療が割り付けられたと考えてよい」ということがあるが，傾向スコア解析を行ったとしても，あくまでも測定

して解析に用いられた交絡因子の影響しか調整できないことは理解しておく必要がある．

■ 4.6　傾向スコアマッチングによる解析事例

　膀胱がん患者に対して，手術後の化学療法群と経過観察群を比較した観察研究の傾向スコアマッチングによる解析結果を紹介する．
　マッチングには表 4.1 に提示した患者背景が交絡因子として用いられた．傾向スコアの算出にはロジスティック回帰分析が用いられ，治療群を結果変数，すべての交絡因子を説明変数として計算が行われた．マッチングのキャリパーには傾向スコアのロジット*1 の標準偏差の 0.2 倍という基準を用い，1：1 マッチングを行った．表 4.2 にマッチング後の患者背景を示しているが，マッチング後は化学療法群，経過観察群それぞれ 68 名が解析対象となり，標準化差はマッチング前と比較して小さかった．また，表 4.2 からわかる

*1　ロジットとは，何らかの確率pの$\log\{p/(1-p)\}$という変換を指す．ロジスティック回帰は，目的変数（結果変数）の確率のロジットが説明変数と回帰パラメータの線形結合と等しいとおいた回帰モデルである．

表 4.2　Shimizu らの観察研究における術前因子の比較（傾向スコアによるマッチング後）

		化学療法群	経過観察群	p 値
人数		68	68	
年齢		66.3 ± 9.9	68.4 ± 8.5	0.193
性別	男性	59 (86.8%)	56 (82.3%)	0.476
術前化学療法あり		9 (13.2%)	10 (14.7%)	0.805
病理学的 T 分類	pT0	3 (4.4%)	2 (2.9%)	0.796
	pT1	5 (7.4%)	7 (10.3%)	
	pT2	13 (19.1%)	16 (23.5%)	
	≥pT3	47 (69.1%)	43 (63.2%)	
リンパ節転移あり		24 (35.4%)	18 (26.5%)	0.265
静脈侵襲あり		42 (61.7%)	38 (55.9%)	0.488
リンパ管侵襲あり		43 (63.2%)	41 (60.3%)	0.724

※連続変数は平均 ± 標準偏差，カテゴリ変数は人数〔％〕で表している．p 値については，連続変数は t 検定，カテゴリ変数はカイ二乗検定の p 値を示している．

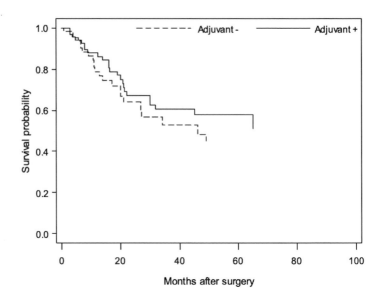

図4.3　傾向スコアマッチングにより交絡調整した解析結果（全生存期間）

ように，検定の p 値も統計学的に 5% 水準で有意ではなくなっている．この結果により，マッチング後は，少なくとも解析で考慮した患者背景については交絡が十分に調整された解析になっていると考えられる．このように，マッチング後の患者背景を比較することで，交絡調整がうまくいっているかを確認できることは，傾向スコアマッチングの大きな利点である．なお，本書では割愛したが，IPTW[*1] 法と呼ぶ傾向スコアの重み付き解析においても，調整後の患者背景を比較することが可能である[8), 23)]．

*1 inverse probability of treatment weighted

　図4.3 に，傾向スコアマッチング後の集団による生存曲線の推定結果を示す．マッチング後は，解析結果が逆転しており，補助化学療法群（Adjuvant+）のほうが，経過観察群（Adjuvant−）よりも生存割合が高い傾向にあることがわかる．この解析結果はあくまで観察研究の結果ではあるものの，表 4.1 に提示した重要な交絡因子を用いた傾向スコアマッチングを行ったことにより，より比較可能性の高い集団どうしの群間比較ができたため，「補助化学療法を行うほうが，経過観察よりも生命予後が良い」という解釈のしやすい

結果が導かれたと考えられる.

演 習 問 題

問 1 本章の記述を踏まえ,「ある調査によると,血圧と収入の間に正の関連があった.したがって,血圧を上げれば,収入が増えることが予想される.」という文章の誤りを指摘せよ.

問 2 傾向スコアのバランス特性とは何か,説明せよ.

問 3 表 4.1 のマッチング前の年齢の標準化差の絶対値と,表 4.2 のマッチング後の年齢の標準化差の絶対値をそれぞれ計算し,どちらのほうが年齢分布のバランスが取れているか説明せよ.

第5章

データ倫理

　データはただの数字ではない．データの収集や保管，データに基づく意思決定は，人や社会のさまざまなところに影響を与える．本章では組織あるいは研究者個人がどのようにしてデータを倫理的に収集し，保管し，また使用すべきかの問題を系統的に考察する．今やデータと関わらない組織はない．データサイエンティストはもちろんのこと，企業の経営者や社員，その他組織に属するあらゆる人が，データプライバシーやデータセキュリティ，データガバナンスなどの基本を知るべきである．

5.1　データ倫理の原則

　データ倫理の原則は，個人を特定できる情報を収集，保護，また使用する際の道徳的義務と，データが個人に与える影響の二つの問題を包含する．本節ではデータ倫理の原則について述べる．

1.　所有権の原則

　データ倫理の第一の原則は，所有権の原則である．個人が個人情報[*1]の所有権をもつことを常に認識すべきである．個人情報を無断で収集することは違法で非倫理的である．個人情報の収集には同

[*1] personally identifiable information; PII

意を得る必要があり，一般的な方法として下記のようなものがある．倫理的および法的問題を回避するためには，常に許可を求めるべきである．

- 署名付きの書面による同意を得る．
- 顧客やユーザに利用規約への同意を求めるデジタルプライバシーポリシーの賛同を得る．
- Web サイトが Cookie を使用してユーザのオンライン行動を追跡する際に，チェックボックス付きのポップアップによる同意などを求める．データ収集に際してデータの所有者は必ず承諾してもらえると思い込まず，常に許可を求める．

2.　透明性の原則

データの所有者が個人情報の所有権をもつだけでなく，データをどのように収集，保存，および使用する予定かを知る権利を有する．データの収集や使用の際に透明性の原則を守る必要がある．

一例として，個人の購買履歴と Web サイトでの行動データに基づいた消費行動の予測や推薦システムを構築するアルゴリズムの開発を考える．このとき，Cookie は個人の行動を追跡するために使用され，収集されたデータは安全なサーバに保存され，個人情報を削除した後にデータが分析されるなど，詳細なプライバシーポリシーの作成が必要である．いかなる目的があっても，データを収集し分析する目的を隠してはならない．

3.　プライバシーの原則

個人情報は個人を特定できる情報である．データの取扱いに伴う倫理的責任の一環として，データ主体の**プライバシー**を守ることが極めて重要である．データ所有者が個人情報の収集や保存，分析などに同意したとしても，情報の公開まで望んでいるという意味ではないので，データ所有者のプライバシーを守る責任が伴う．個人情報は個人の ID に連結される情報であるが，詳しくは 5.4 節で述べる．

個人のプライバシーを保護し，データが悪意のある人の手に渡ら

ないために，安全な場所に保管することを常に心がける必要がある．また，

- 二重認証パスワード保護
- ファイル暗号化

は，プライバシーの保護に役立つセキュリティ対策である．さらに，データ分析する際に不用意なミスを防止するための策として，個人情報をすべて削除し匿名加工したデータを必ず用意する．

▍4.　目的の原則

　データサイエンスに限らず，目的の原則はあらゆる分野における普遍的倫理規範である．データ倫理における目的の原則は，データを収集する前に，データ収集の必要性や期待される成果などをはっきり述べる必要がある，というものである．悪意のある目標の達成のためのデータ収集であってはならない．また，データの収集行為が他人に不利益をもたらしてはならない．

▍5.　結果の原則

　目的の原則が守られても，データ分析を行った結果として，特定の個人や集団に想定の範囲外の危害や不利益をもたらす可能性が残る．データ分析が完了するまで，データ分析の結果がどのような影響を与えるかを完全には評価できない．また，分析結果の公表の前に想定される影響を検討すべきである．

■5.2　データ倫理規範

　前節で述べたデータ倫理の原則は，データを扱う際の羅針盤であり，データ分析者をはじめすべての関係者が守るべきものである．これらの原則を詳しく展開し，普遍的データ倫理規範を以下のようにまとめる．

- データの背後にいる人を常に尊重する精神をもつ．

- データを二次的に利用する可能性があることに常に留意する.

- データや分析ツール・方法の選択は,結果に直接的に影響を与えることを常に認識する.すべてのデータとアルゴリズムは人の意思決定の産物である.分析の履歴を監査可能な形にすることが理想である.例えば,データ収集の背景や,得られた同意のプロセス,一連の責任の所在などを追跡できる形にしておくことが理想である.

- プライバシーとセキュリティの保護が求められる基準に合致するように努める.

- 法令は守るべき最低基準であることを常に心に留める.

- データ収集のためのデータ収集を避ける.

- 保険料の請求やクレジットカードの発行など,データは人を選別するためのツールとして使われることを認識する.

- 分析の詳細と使われ方をデータ保持者に解説するのが理想である.

- データサイエンティストは,自分のもつ資格や,専門知識の限界を正確に表明すべきである.また,専門領域の基準を常に遵守し,専門家の審査に対する説明責任を果たすことに努める.

- 透明性[*1],構成可能性[*2],説明責任[*3],監査可能性[*4]が担保された研究計画の作成に努める.

- 必要となるたびに,内部あるいは外部の倫理審査を受ける.

- データガバナンス(5.5 節参照)は,すべての関係者で共有され,また定期的に監査を受けるべきである.

*1 transparency

*2 configurability

*3 accountability

*4 auditability

データ倫理規範は,分野を問わずデータに関わる者すべてが遵守すべきものである.また,個々の分野においては独自の倫理規範があることも留意しておきたい.例えば,医学分野であれば次の生命倫理[*5]を遵守すべきである.生命倫理は多岐に渡るが,例えば,以下の規範を最低限守るべきであろう[*6].どの項目も当然のように思えるが,これらの規範の実践は必ずしも容易ではない.

*5 bioethics

*6 https://www.gmc-uk.org/ethical-guidance を参考にした.

- 患者の安全,尊厳を守り,常に患者本位である.

- 患者の行動や生活習慣が病気の原因である可能性を疑っても，医学的根拠に基づいて患者のための最善の判断と治療を行う．
- 患者の状態が医者の健康被害にリスクを与えるとき，そのリスクを最小限に留めるように努力をする．ただし，治療を拒否してはならない．
- 同僚または患者を差別してはならず，この原則を守れない同僚に行動を正すよう促す．

■5.3　アルゴリズムバイアス

　統計学や機械学習のアルゴリズムの挙動は，さまざまな条件のもとで，理論的に，またはシミュレーションによって検討されている．**アルゴリズムバイアス**は意図的か否かにかかわらず常に存在する．アルゴリズムバイアスは，ときには適用される対象者に深刻な不利益を与える可能性があるため，アルゴリズムの使用の際には，倫理にもとることのないよう，アルゴリズムバイアスをしっかり認識しておく必要がある．

　バイアスがアルゴリズムに忍び込む主な理由として，次の点が考えられる．

(a)　データバイアス

　多くのアルゴリズムは，データがランダムに得られた前提で構築されている*1．使用するデータの代表性*2 が乏しければ，アルゴリズムは偏った結果を出力する．

(b)　アルゴリズムバイアス

　特定の仮説の検証などのために構築（チューニング）*3 された機械学習アルゴリズムは，常に何らかのバイアスが潜在する．特に，最適なアルゴリズムの使用は注意が必要である．例えば，ビジネス上の意思決定に際し，アルゴリズムの最適性を保証する条件を精査せずに使用することを避けるべきである．

*1　典型的な例として信頼区間がある．

*2　標本が母集団を偏りなく反映できていること．

*3　深層学習であれば，損失関数の選択やネットワークの層の数は扱う対象によって変わる．

5.4 データプライバシー

(c) フィードバックバイアス

既存のデータに基づいたアルゴリズムが実装された後，再度収集されたデータの分析を行う際にバイアスが生じるおそれがある．典型的な例として，構築された推薦アルゴリズムを使って，登録された顧客に商品を定期的に薦める場合，顧客に商品に対する意見を調査したいと思っても，推薦されなかった商品に対する意見を聞く機会がアルゴリズムによって失われることがある．このようなデータは，アルゴリズムに由来するバイアスが存在する．

5.4 データプライバシー

5.1 節では，プライバシーの原則の重要性を述べた．本節では，データプライバシーの問題を詳しく見ていく．

1. データプライバシーとは

データプライバシーは，情報プライバシーとも呼ばれ，データ保護に含まれる内容である．データプライバシーは，個人情報へのアクセスを保護する倫理的および法的義務を含む概念である．データプライバシーに関わる最も重要な問題は，

- データの収集方法
- データの保存方法
- データにアクセスできる関係者の規定

に分けられる．それぞれの側面に対し適切に配慮する必要がある．

2. データプライバシー vs. データセキュリティ

データプライバシーとデータセキュリティの共通目的はデータの保護であるが，それぞれ焦点が異なる．

データセキュリティは，悪意のある外部によるデータへのアクセス，盗難，または破壊の試みを防止するシステムに焦点を当てている．一方，データプライバシーは倫理的および合法的な使用と機密データや個人情報へのアクセスに焦点を当てている．データプラ

61

イバシーが守られても，データベースがハッキングされては，身も蓋もない．データセキュリティの確保のための対策として，2 要素認証やファイルの暗号化などがあり，それらを組み合わせるなどして効果的な対策をとる必要がある．

▍3.　データプライバシーに関わる基本事項

倫理的および法的問題が生じないために，データの収集と分析をする際に守るべき基本事項を述べよう．

(a)　個人情報とデータの匿名化

個人を特定できる情報の典型例として次のようなものがあるが，もちろんこの限りではない．

- 氏名
- 誕生日
- 住所
- 電話番号
- 電子メールアドレス
- マイナンバー
- 運転免許証番号
- 銀行の口座番号
- パスポート番号
- クレジットカード番号

データからすべての個人情報を削除し，データの匿名化を行うことは，大変重要である．例えば，顧客の購買履歴を追跡したい場合，顧客の氏名，住所，クレジットカードなどの情報を削除し，人口統計データ（年齢，性別など）や購入履歴のみを残すといった匿名加工を行う．ただし，匿名加工されたデータであっても，他のデータと照合することにより，個人情報が特定できてしまう可能性がある．例えば，年収と年齢のみから個人を特定できる可能性はある．

(b)　データの内部的保護

機密情報の偶発的または意図的漏えいの防止のため，データを安全な場所に保管し，必要な人が必要なときに利用可能にしておくべきである．データを内部的に保護するための簡単かつ効果的な方

法として，次のものが考えられる．多くは，単純で常識的なものである．

- デスクから離れるときはコンピュータをロックする．
- データの保管場所に常に鍵（パスワード）をかける．
- データへのアクセス時に常にパスワードを求める．
- 安全なファイルの転送方法を常に使用する．
- データの物理的コピーを適切に保管する．データが取り出されたり，置き忘れられたり，読み取られたりする可能性のある場所にデータを残さない．
- 安全でない場所では，データについての会話を避ける．

(c) 法的責任

データプライバシーについては，厳格なガイドラインで定められていることが多い．法的責任が伴うことも理解しておくべきである．これらのガイドラインや法令に，データセキュリティに関する義務が含まれることも多い．

データプライバシーに関わる最も影響力の大きいものとして，経済協力開発機構（OECD）の「プライバシー保護と個人データの国際流通についてのガイドライン」[1] がある．これは，1980 年に OECD の理事会によるプライバシーに関する勧告として発表されたものであるが，2013 年に大幅な改訂がなされている．また，このガイドラインに含まれる「**OECD 8 原則**」と呼ばれるものが，2003 年 5 月に公布され 2005 年 4 月から全面施行された個人情報保護法[2] に大きな影響を与えている．OECD 8 原則の概要[3] は表 5.1 のとおりである．

2022 年 6 月には改正個人情報保護法が全面施行となり，対象が個人情報を保有するすべての事業者に拡大された．大勢の従業員がいる大企業だけでなく，中小企業や個人事業主，町内会や自治会，学校の同窓会など個人情報を少しでも取り扱う機会がある場合は，法令の定めに従って進める必要がある．個人情報保護法の条文と OECD 8 原則には，表 5.2 のような対応関係がある[4]．

[1] Guidelines on the Protection of Privacy and Transborder Flows of Personal Data

[2] 個人情報の保護に関する法律

[3] https://ja.wikipedia.org/wiki/プライバシー保護と個人データの国際流通についてのガイドライン を参照した．

[4] https://ja.wikipedia.org/wiki/個人情報の保護に関する法律

表 5.1　OECD 8 原則

番号	名称	概要
1	収集制限の原則 Collection Limitation Principle	収集方法が適切であること
2	データ内容の原則 Data Quality Principle	目的範囲内での利用に限ること
3	目的明確化の原則 Purpose Specification Principle	データ収集の目的を明確化すること
4	利用制限の原則 Use Limitation Principle	データを目的外に使用しないこと
5	安全保護措置の原則 Security Safeguards Principle	不正利用や漏えいなどの対策を講じること
6	公開の原則 Openness Principle	データの利用方針を公開すること
7	個人参加の原則 Individual Participation Principle	個人がデータ照会などの権利を有すること
8	責任の原則 Accountability Principle	原則の実施責任をデータ管理者がもつこと

(d) 倫理的責任

　データプライバシーは法的問題と倫理的問題の両方を含む．データプライバシーの倫理の基本は，要約すると，「個人情報の収集や保管，分析や使用の際にデータ所有者の同意を得る必要がある」といえる．

　データは根拠であり，意思決定の源であり，イノベーションの源泉である．一方，データの背後には生の人間がいることを常に意識すべきである．機密データが悪意のある人の手に渡った場合，データの背後にある人々に不利益を与える可能性があることを常に認識すべきである．

■5.5　データガバナンス

　特にデータを所有する組織にとって，明確なデータガバナンスポリシーとプロトコルを導入することが重要である．すべての従業員

表 5.2　OECD 8 原則と個人情報保護法との対応

OECD 8 原則	個人情報保護法（条文要約）
収集制限の原則	偽りその他不正の手段により個人情報を取得してはならない. （第 20 条）
データ内容の原則	個人情報を正確かつ最新の内容に保つよう努めなければならない. （第 22 条）
目的明確化の原則 利用制限の原則	利用目的をできる限り特定しなければならない.　　（第 21 条） 利用目的の達成に必要な範囲を超えて個人情報を取り扱ってはならない.　　　　　　　　　　　　　　　　　　　（第 18 条） あらかじめ本人の同意を得ないで個人データを第三者に提供してはならない.　　　　　　　　　　　　　　　　　（第 27 条）
安全保護措置の原則	個人データの安全管理のために必要かつ適切な措置を講じなければならない.　　　　　　　　　　　　　　　　　（第 23 条） 個人データの安全管理が図られるよう従業者・委託先に対する必要かつ適切な監督を行わなければならない.　　（第 24 条・第 25 条）
公開の原則 個人参加の原則	個人情報を取得した場合は速やかに, その利用目的を本人に通知し, 又は公表しなければならない.　　　　　　　（第 21 条） 利用目的等を本人の知り得る状態に置かなければならない. （第 27 条） 本人が識別される保有個人データの開示を請求することができる. （第 33 条） 本人は保有個人データの内容の訂正, 追加又は削除を請求することができる.　　　　　　　　　　　　　　　（第 34 条） 本人は当該保有個人データの利用の停止又は消去を請求することができる.　　　　　　　　　　　　　　　（第 35 条）
責任の原則	個人情報の取扱いに関する苦情の適切かつ迅速な処理に努めなければならない.　　　　　　　　　　　　　　（第 40 条）

にこれらのポリシーを理解させ, データ管理者はコンプライアンスの遵守の観点から従業員の活動を監視する義務が伴う.

1.　データガバナンスとは

データガバナンスは, データ管理のために使用するフレームワーク, プロセス, およびプラクティスを指す. データガバナンスの目標は, データの高品質性, 正確性, 安全性を保証することである. 異なる組織で異なるデータガバナンスを採用することは常であるが, 共通する部分は以下のようにまとめることができよう.

データ品質：データの品質を確保する手段や，低品質のデータの識別や加工または削除をする手続きを必ず定める．

データセキュリティ：データにアクセスできる人を規定し，データを暗号化する方法，モニタリングの方法，多要素認証の有無，アクセス制御などのセキュリティ対策を講じる．

データプライバシー：関連する法令やガイドライン，規制に注意しながら個人情報を保護するための措置をとるとともに，これらの措置がデータの収集や保管，解析に与える影響も検討する．

データ管理者：データガバナンスの確実な実行のため，データ資産を監督する責任者を明確に決める必要がある．

データガバナンスの構築は，データの種類や使用方法に応じて異なる場合がある．具体的にデータガバナンスを構築する際に，まず目標を明確にすることが重要である．目標を達成するために使用するポリシーやプロセス，具体的方法，構成員などを決定する．そのうえで，最終的にはフレームワークを文書化することになる．

▌2.　データガバナンスはなぜ重要か

厳格なデータガバナンスの実施により，次のようなメリットが得られる．

信頼性の向上：明確なデータガバナンスの確立によりデータの正確性が向上し，データに基づく意思決定の信憑性が増す．

規制要件の効率的対応：ビジネスのどの場面においても，データ保護に関する法令やガイドライン，関連する規制を遵守すべきである．データガバナンスのプロトコルの確立により，これらの法令やガイドライン，関連する規制への準拠が容易になる．

顧客の信頼への寄与：ヘルスケアや金融などの個人情報の保護が特に重要な業界において，透明なデータガバナンスプロトコルの確立は，顧客の信頼を勝ち取る手段にもなる．

業務効率の向上：データまたはファイルの複数のバージョンが存在することがしばしばある．ファイルの重複性の問題がデータ分析の際の効率低下を招くだけではなく，不正確なデータの使用による混乱も起こりやすい．データガバナンスの実践はこれらの問題

を避けることができ，業務効率の向上にも寄与する．

内的説明責任の強化：データガバナンスのルールを明確に定めてあれば，組織は従業員の行動について明瞭に説明できる．ルールは，データ規則の違反が認められた際に，問題を特定して是正する明確な手段となる．

透明性の向上：データガバナンスのルールは，すべての利害関係者に対して透明性を高める手段である．例えば，データアクセスログをチェックすれば，特定のファイルに誰がいつアクセスしたかを正確に知ることができ，規制当局などの疑念の解消に役立つ．

全体の経営コストの低減：企業の場合，データガバナンスの実践は全体の経営コストの節約に繋がる．例えば，厳格なデータセキュリティが保証されれば，データへの侵害による損害を減らすことができる．また，法令やガイドライン，関連する規制を遵守することで，罰金や損害賠償のリスクを軽減することができる．

■ 5.6 データ整合性

これまでにデータに関わる倫理的問題やデータプライバシー，データセキュリティを中心に解説した．ここではデータの品質に関わるデータ整合性の問題について解説する．データに存在するたった一つのエラーが，ビジネスに深刻な損害を与える可能性がある．データ整合性は継続的な取組みであり，日々のたゆまぬ努力が求められる．

■ 1. データ整合性とは

データ整合性は，データの正確性[*1]，完全性[*2]，および品質[*3]を指す言葉である．例えば，企業が扱う顧客データや在庫データなどの整合性の維持は，絶え間ないプロセスとしてなされるべきものである．

データ整合性を脅かすものとしては，以下の要因が挙げられよう．

ヒューマンエラー：誤った入力やデータの削除は，典型的なヒュー

*1 accuracy
*2 completeness
*3 quality

マンエラーである.

形式の不整合性：異なる単位やコードを用いた複数のデータが存在
すると，誤りを誘発する.

データ収集エラー：収集されたデータ自体が不正確である，あるい
は情報が不足していると，信頼に足る分析ができない.

サイバーセキュリティ：データに損傷を与える目的でデータベース
をクラッキングされる可能性が常に存在する.

■ 2.　データ整合性が重要な理由

データ整合性は，信頼に足る意思決定の前提である．データ整合
性が何らかの形で損なわれた場合，悪影響が長期かつ広範囲に及ぶ
可能性がある．例えば，2022 年上半期には国の基幹統計データの
不正問題が報道されたが，その悪影響は国全体にわたっている.

■ 3.　データ整合性の達成と維持する方法

データ整合性の実現と維持のためには，以下の方法が考えられる.

データ収集の段階での吟味：データ整合性の追求はデータ収集の段
階から始まる．データを収集する際に考慮すべき重要項目とし
て，例えば次のようなものがある.

- データ収集の方法の適切さと正確さの吟味
- 収集しようとしたデータの代表性の吟味
- 収集しようとしたデータの信頼性の吟味

データが収集された後の再評価も欠かせない．必要に応じてデー
タ収集の計画に変更を加える．データ収集の段階でのデータ整合
性の追求は，得られたデータに不整合があった場合に訂正するよ
り遥かに効率的である.

エラーチェックの徹底：データの不整合性をもたらす最も顕著な要
因の一つが，ヒューマンエラーである．ヒューマンエラーを起
こしにくくするためには，例えば，一人ではなく複数人による
チェックが有効である．また，声を出して読み上げる，表計算ソ
フトであれば 1 行おきに陰影を付けて視認性を高める，数値の合
計は手計算だけに頼らずプログラムを動かして検算する，などと

いうひと工夫でもエラーが起こりにくくなる.

サイバーセキュリティへの持続的警戒：データにアクセスして損害を与えようとするクラッキングの行為は多種多様である. 中には，脅威として認識されづらいケースもある. 例えば，電子メールや SNS のメッセージなどで，有名なサービスを偽装した不正な URL（リンク）を受信した場合，受信者がリンクを不用意にクリックすると，マルウェア[*1] がアクティブになり，保存しているデータに損害を与える危険があるだろう.

チームメンバー間の情報の共有：データ整合性を論じる場面では，そのデータの所有者として組織を前提にしていることが多い. データ整合性を保つためにはデータ管理者一人ではなく，複数のメンバーで構成されるチームによる共同作業が重要である. したがって，データの正確性，完全性，高品質性を保つ必要性や，潜在的な脅威に対する認識や対処法についても，常にチームメンバー間で共有しておくことが重要である.

*1 malware

演 習 問 題

問 1 データ倫理の原則の中でも，データ所有権の原則を守ることが特に重要である. データ所有権の原則に関して，以下の中から間違っている行動を答えよ.

(a) 署名付きの書面で相手の同意を求める.

(b) ユーザにプライバシーポリシーへの賛同を求める.

(c) 書面を送り相手の同意を得ようとしたが相当の時間が経過しても返信がなかったので，相手が同意したと見なす.

(d) Cookie を使用して Web サイトの閲覧者のオンライン行動を追跡する際に，何らかの方法よる同意を求める.

問 2 データを分析する際に法令を守ることは当然であるが，倫理的にも守るべき原則がある. データ倫理に関して，以下の中から間違っているものを答えよ.

(a) 高い金額でクライアントと契約を結んだデータサイエンティストが，クライアントの要望（仮説）どおりの結果を出すため，懸命にデータ解析を行い納期内に報告書を提出した.

(b) データ分析をする際に，監査などに備えて，分析のプロセスを可能な限り追跡できる形にしておく．

(c) 複数の専門家が厳密にデータ解析の手順などを守り，得られた結果も入念にチェックを重ねたので，結果の信憑性については疑う余地がない．

問 3　データ分析を行う際，データの整合性を考慮する場面がある．データ整合性の達成のための行動として，以下の中から間違っているものを答えよ．

(a) ヒューマンエラーを含むデータの不整合性を複数の人でチェックしたり，場合によってはプログラムによってチェックしたりすることが有効である．

(b) 事後的にデータ収集の方法の適切さや正確さ，また得られたデータの代表性などを吟味することが最も有効な方法である．

(c) データを継続的に収集する場合，データの収集の条件の変化は留意すべきことである．

(d) データの正確性，完全性，高品質性を保つ必要性や，保有するデータに対する潜在的な脅威に対する認識や対処法について，1 人ではなくチームを構成し対応することは有効である．

第6章

確率

　本章と次の第7章では，第8章と第9章で学ぶ推定や検定などの統計的推測の基礎となる事項について解説する．本章では6.1節から6.5節で確率の基本的で重要な事項について簡潔にまとめ，6.6節と6.7節ではデータサイエンスにおける応用上重要な条件付き確率とベイズの定理について扱う．具体的な分布とその性質・応用については，次章で学ぶ．

■ 6.1　確率とは

　くじを引いたり，サイコロやコインを投げたりするとき，起こり得る結果がどういう要素を含むかはある程度事前にわかるが，回ごとの結果は偶然に左右され，事前に予測できない．工場で製造される製品について，それまで製造された製品の寿命がどういう範囲の値をどのような頻度でとっていたかは過去のデータから得られるが，1個ずつの製品の寿命は事前にはわからない．スーパーで過去に何人の客がどんな商品をどのくらい購入したかはデータベースに記録されているが，明日，何人の客が何をどのくらい購入するかは事前にはわからない．

　我々は，こういった偶然に左右される不確実な現象（ランダムな

現象）にしばしば遭遇する．このような不確実あるいはランダムな現象に関わる問題に対して，確率論とそれを基礎とする推測統計は不確実性の程度を定量的に扱うツールを提供する．本節では確率の基礎的な理論について概説する．

次節以降で，確率論の対象とするいくつかの用語の定義を行う．

■6.2 実験，試行，標本点，標本空間，事象など

実験とは，ある命題や仮説を検証するために行われる実験で，その結果が偶然性に左右され，したがってランダム性を有しているものをいう．また，**試行**とは，実験を行うことである．試行の結果は実験結果または**標本点**と呼び，ω で表す．すべての標本点の集合を**標本空間**と呼び，Ω で表す．標本空間 Ω はすべての可能な実験結果の集まりである．

いくつかの標本点の集合を**事象**と呼ぶ．事象は標本空間の部分集合であり，以下では A, B, C などで表す．特に，ただ一つの標本点からなる事象を**根元事象**と呼ぶこともある．

実験を行ったとき，事象 A に含まれる結果（標本点）のうちの一つが実現した場合，その実験で事象 A が起こった，という．すべての標本点を含む事象を**全事象**と呼び，S で表す．上の定義によれば，全事象は毎回の実験で必ず起こる事象である．一方，標本点を一つも含まない事象を**空事象**と呼び，$\emptyset$ で表す．

例 6.1 1 個のサイコロを投げる実験を考える．この場合の標本空間は

$$\Omega = \{1, 2, 3, 4, 5, 6\}$$

であり，標本点は

$$\omega_1 = 1, \ \omega_2 = 2, \ \omega_3 = 3, \ \omega_4 = 4, \ \omega_5 = 5, \ \omega_6 = 6$$

である．また，奇数の目が出るという事象 A，5 以上の目が出るという事象 B，全事象 S はそれぞれ

$$A = \{1, 3, 5\}$$
$$B = \{5, 6\}$$
$$S = \{1, 2, 3, 4, 5, 6\}$$

である．

■ 6.3 事象の和・積，余事象など

興味の対象とする標本空間 Ω に含まれる事象を A, B とする．このとき A と B の**和事象**とは，A または B のどちらかに含まれるすべての標本点からなる事象（複合事象）のことをいい，$A \cup B$ と表す．また，A と B の**積事象**とは，A および B の両方に含まれるすべての標本点からなる事象（複合事象）のことをいい，$A \cap B$ と表す．もし，A と B の積事象が空事象，すなわち $A \cap B = \emptyset$ ならば，A と B は**互いに排反な事象**であるという．この場合は A と B に共通な標本点がないので，A が起これば B は起こらない（B が起これば A は起こらない）．事象の数が三つ以上の場合も同様にして，それらの和事象や積事象が定義できる．

A の**余事象**とは，事象 A に含まれないすべての標本点からなる事象であり，A^c と表す．この定義から，$A \cap A^c = \emptyset$ であり，A と A^c は互いに排反である．また，$A \cup A^c = S$ である．

例 6.2　例 6.1 で考えた事象 A, B に対して，$A \cup B$, $A \cap B$, A^c はそれぞれ，

$$A \cup B = \{1, 3, 5, 6\}, \quad A \cap B = \{5\}, \quad A^c = \{2, 4, 6\}$$

である．

図 6.1 は，事象の性質を理解するために，標本空間を外側の長方形，各事象をその中にある円で表したもので，考案者の名前[1] からら**ベン図**と呼ばれている．

[1] John Venn
イギリスの数学者．

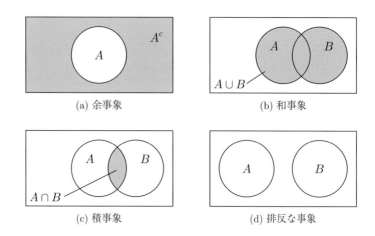

図 6.1　諸事象のベン図

6.4　確率の定義

　　確率は不確定性の尺度として考えられたものであるが，その定義にはいくつかある．ここでは，標本空間 Ω が有限個（n 個）の標本点からなる実験の場合を考える．

　　数学的には，確率とは標本空間から生成される任意の事象を定義域とする集合関数で，次の三つの性質（**確率の公理**または**コルモゴロフの公理**と呼ぶ）を満たす関数 P である．

(1) 任意の事象 A に対して

$$0 \leq P(A) \leq 1 \tag{6.1}$$

(2) 標本空間 Ω に対して，

$$P(\Omega) = 1 \tag{6.2}$$

(3) $A_1, A_2, \ldots, A_n$ が互いに排反な事象ならば，

$$P(A_1 \cup A_2 \cup \cdots \cup A_n) = P(A_1) + P(A_2) + \cdots + P(A_n) \tag{6.3}$$

　確率の具体的な定義の仕方としては，次の3種類が代表的である．

　(i) 同様に確からしい根元事象を想定した古典的な定義

　(ii) 多数回の試行による頻度に基づく定義

　(iii) ベイズ統計学で用いられる主観に基づく定義

　(i) の古典的な定義（**ラプラスの定義**と呼ぶこともある）は，次のようなものである．例えば，精密につくられたサイコロを1回投げるとき，1から6のそれぞれの目が出るという根元事象はどれも同様に起こりやすいと仮定して，それぞれの目の出る確率を

$$P(\{i\}) = \frac{1}{6} \quad (i = 1, 2, \ldots, 6) \tag{6.4}$$

と定義し，任意の事象の確率をその事象に含まれる根元事象の数に基づいて計算する方法である．

　(ii) の頻度に基づく定義は，次のようなものである．例えば，サイコロを投げるという試行を十分大きい回数（N 回）反復し，そのうち出る目が i である頻度を N_i として，相対頻度（相対度数）N_i/N を大きくすると一定の値 p_i に近づく性質（**大数の法則**と呼ぶ）に基づいて

$$P(\{i\}) = p_i \quad \text{あるいは} \quad P(\{i\}) \sim \frac{N_i}{N} \tag{6.5}$$

と定義する方法である．

　(i)，(ii) の二つの定義の仕方が確率の公理を満たすことは，事象の確率を根元事象あるいは観測頻度の割合で考えれば容易に確認できる．

　一方，(iii) のベイズ統計学で用いられる主観に基づく定義（主観確率）は，反復できない1回きりの不確定な事象への応用を想定した確率の定義である．その適用範囲は広いが，仮説と呼ばれる事象の確率を評価するために，個人が事前確率を指定し，新しい関連データ（証拠）を用いて事後確率に更新する，ということを行うため，個人によって確率が変わり得る．そのため，注意深い適用が要求される．

■6.5　確率のいくつかの性質，加法定理

　ここでは，前節で定義した確率について成り立つ，いくつかの性質をまとめておく．古典的な定義と頻度に基づく定義のどちらを用いても同様に説明できるが，簡単のため，主として古典的な確率の定義を用いて解説する．

　事象 A に含まれる根元事象（簡単のため，以下では要素と呼ぶ）の数を $\#A$ と表すと，事象 A の確率は

$$P(A) = \frac{\#A}{\#\Omega} \tag{6.6}$$

により計算できる．

例 6.3　　サイコロを 1 回投げて偶数の目が出るという事象 $A = \{2, 4, 6\}$ の確率は，全事象 $S = \{1, 2, \ldots, 6\}$ に含まれる要素のうち事象 A に含まれる要素の割合を求めればよいので，

$$P(A) = \frac{\#\{2, 4, 6\}}{\#\{1, 2, \ldots, 6\}} = \frac{3}{6} = \frac{1}{2}$$

となる．事象に含まれる要素数の割合を頻度の割合（相対頻度）に置き換えれば，同じ議論が頻度に基づく確率の定義の立場でも成り立つ[*1]．

*1　確率について考えるとき，和事象や積事象などを図6.1のベン図を用いて表現するとわかりやすい．

　ここで，**加法定理**と呼ぶ，和事象の確率に関する定理を解説する．図 6.1(d) のように A と B が互いに排反のとき，A，B それぞれに含まれる要素は他方に含まれることがないので，和事象 $A \cup B$ に含まれる要素の数は $\#A + \#B$ となる．これより

$$\begin{aligned} P(A \cup B) &= \frac{\#A + \#B}{\#\Omega} = \frac{\#A}{\#\Omega} + \frac{\#B}{\#\Omega} \\ &= P(A) + P(B) \end{aligned} \tag{6.7}$$

となる．三つ以上の互いに排反な事象についても同様な議論を繰り返せば，確率の性質 (3)，つまり式 (6.3) が成り立つ．

　一方，A と B が互いに排反でないとき，$A \cup B$ に含まれる要素

の数として単純に A と B の要素の数を足すと，積事象 $A \cap B$ の示す共通部分の要素が 2 重にカウントされることになるので，その要素数を差し引いて

$$\#(A \cup B) = \#A + \#B - \#(A \cap B) \tag{6.8}$$

のように修正する必要がある．その結果，和事象 $A \cup B$ の確率は

$$P(A \cup B) = P(A) + P(B) - P(A \cap B)$$

により計算される．これが一般の場合の加法定理である．

6.6 条件付き確率

A と B が排反でない場合において，A が起こるという条件のもとで B の起こる確率（**条件付き確率**）を $P(B \mid A)$ と表すとき

$$P(B \mid A) = \frac{P(A \cap B)}{P(A)} \tag{6.9}$$

が成り立つ．ベン図で考えると，A が起こるという事象は円 A の中を表し，その中で B の起こる事象は $A \cap B$ であるから，A が起こるという条件のもとで B の起こる確率はそれぞれの事象の含む要素の数の比 $\{\#(A \cap B)\}/(\#A)$ により計算でき，分母と分子を $\#\Omega$ で割ると上式が成り立つ．

さらに，上式の両辺に $P(A)$ を掛けると

$$P(A \cap B) = P(A)P(B \mid A) \tag{6.10}$$

という，積事象の確率に関する式が得られる．これを確率の**乗法定理**と呼ぶ．

1. 事象の独立性

事象が**独立**であるとは，一方の事象が起こるかどうかが他方の事象の起こる確率に影響しないことである．すなわち，上の事象 A, B でいえば

$$P(B \mid A) = P(B), \quad P(A \mid B) = P(A) \tag{6.11}$$

であることを意味する．このとき，乗法定理 (6.10) より次式が成り立つ．

$$P(A \cap B) = P(A)P(B) \tag{6.12}$$

3 個以上の事象の独立性の定義はやや複雑である．n 個の事象 $A_1, A_2, \ldots, A_n$ が互いに独立であるとは，n 個の事象の中から取り出された任意の k 個の事象の組 $A_{\lambda_1}, A_{\lambda_2}, \ldots, A_{\lambda_k}$ に対して

$$P(A_{\lambda_1} \cap A_{\lambda_2} \cap \cdots \cap A_{\lambda_k})$$
$$= P(A_{\lambda_1})P(A_{\lambda_2}) \ldots P(A_{\lambda_k}) \tag{6.13}$$

が成り立つことをいう．したがって，n 個の事象が互いに独立であれば，それらの積事象の確率は各事象の確率の積に等しい．

例 6.4　　2 個のサイコロ投げの実験において，第 1 のサイコロの目が偶数であるという事象を A，第 2 のサイコロの目が偶数であるという事象を B とする．

$$P(A)P(B) = \frac{1}{2} \cdot \frac{1}{2} = \frac{1}{4} = P(A \cap B)$$

より，事象 A と B は独立である．

6.7　ベイズの定理

ここでは，**ベイズの定理**について説明をする．

ある事象 A に関し，その事象の原因として互いに排反な n 個の事象（仮説）$H_1, H_2, \ldots, H_n$ が考えられ，それ以外に原因はないとする．条件付き確率の定義 (6.14) より

$$P(H_i \mid A) = \frac{P(H_i \cap A)}{P(A)} \tag{6.14}$$

であるが，乗法定理 (6.10) を用いると

$$P(H_i \mid A) = \frac{P(H_i)P(A \mid H_i)}{P(A)} \tag{6.15}$$

が成り立つ．

式 (6.15) の右辺の分母の $P(A)$ は，複数の原因によって起こる事象 A の総合的な生起確率を表す．この値はわからないが，各原因の出現確率 $P(H_i)$ と原因ごとに事象 A の起こる条件付き確率 $P(A \mid H_i)$ が過去のデータから推定できるときは，$P(A) = P(A \cap \Omega)$ であること，$\Omega = H_1 \cup H_2 \cup \cdots \cup H_n$ であること，$H_1, H_2, \ldots, H_n$ が排反であることを利用して，次のように変形できる．

$$\begin{aligned} P(A) &= P(A \cap H_1) + P(A \cap H_2) \\ &\qquad + \cdots + P(A \cap H_n) \\ &= P(H_1)P(A \mid H_1) + P(H_2)P(A \mid H_2) \\ &\qquad + \cdots + (H_n)P(A \mid H_n) \end{aligned} \tag{6.16}$$

*1 Bayes' theorem

これを全確率の定理と呼ぶ．これより，ベイズの定理[*1] と呼ぶ次の式が得られる．

$$P(H_i \mid A) = \frac{P(H_i)P(A \mid H_i)}{\displaystyle\sum_{j=1}^{n} P(H_j)P(A \mid H_j)} \tag{6.17}$$

*2 prior probability

$P(H_i)$ は**事前確率**[*2]，$P(H_i \mid A)$ は**事後確率**[*3] と呼ぶ．

*3 posterior probability

例 6.5　　ベイズの定理の実例として，次のような問題を考える．
いま，ある珍しい病気 X であるか否かを判定する検査があったとし，検査結果は陽性（＋）または陰性（－）のいずれかであるとする．過去の経験によれば，その検査を受けに来る人の中で，病気 X の人の割合は 1%，その他の軽い病気の人の割合は 5%，病気でない人の割合は 94% であることがわかっているとする．また検査を受けたとき，病気 X にかかっている人が＋となる割合は 96%，他の軽い病気の人が＋となる割合は 10%，病気でない人が＋となる割合は 5% であるとする．

　　ここで，ある人の検査結果が + になったとき，その人が本当に病気 X である確率はいくらになるだろうか．この問題を解くために，まずこの問題を 2 段階実験として定式化してみよう．第 1 段目の実験における事象を，次のように考える．

　　A_1：検査を受けた人が，病気 X である．
　　A_2：検査を受けた人が，他の軽い病気である．
　　A_3：検査を受けた人が，病気でない．

次に，第 2 段目の実験における事象を，次のように考える．

　　B_1：検査の結果が + である．
　　B_2：検査の結果が − である．

このように各事象を設定すれば，問題は，第 2 段目で事象 B_1 が起こったとき第 1 段目で事象 A_1 が起こっていた条件付き確率 $P(A_1 \mid B_1)$ を求めることである．与えられている確率を整理すると，次のようになる．

$$P(A_1) = 0.01, \quad P(B_1 \mid A_1) = 0.96$$
$$P(A_2) = 0.05, \quad P(B_1 \mid A_2) = 0.10$$
$$P(A_3) = 0.94, \quad P(B_1 \mid A_3) = 0.05$$

ここで，ベイズの定理 (6.17) を適用して，求めたい条件付き確率を計算すると，次のようになる．

$$
\begin{aligned}
P(A_1 \mid B_1) \\
&= \frac{P(A_1)P(B_1 \mid A_1)}{\displaystyle\sum_{j=1}^{3} P(A_j)P(B_1 \mid A_j)} \\
&= \frac{P(A_1)P(B_1 \mid A_1)}{P(A_1)P(B_1 \mid A_1) + P(A_2)P(B_1 \mid A_2) + P(A_3)P(B_1 \mid A_3)} \\
&= \frac{0.01 \cdot 0.96}{0.01 \cdot 0.96 + 0.05 \cdot 0.10 + 0.94 \cdot 0.05} \\
&= \frac{96}{616} \\
&\approx 0.156
\end{aligned}
\tag{6.18}
$$

　この検査は，注目している病気 X の検出割合はかなり高く（96%），誤りはかなり少ない（10% と 5%）．したがって，この検査はかなり精度の高い検査と考えられる．このような優れた検査で + と判定されたとすれば，常識的にはかなりの確率で病気 X であると思われるが，計算結果によれば，そのような確率は 0.156 と極めて小さい．これはどのような理由によるのであろうか．

　式 (6.18) の最後から 2 番目の分数を見ると，分子の値 96 に比べて分母の値が 616 と大きい．この原因はその前の式の分母に $0.94 \cdot 0.05$ なる項が含まれているためである．すなわち病気でない人に対する検査の誤りの確率は 0.05 と小さいが，もともと病気でない人の割合が 0.94 と極めて高いため，この項が大きくなっていることがわかる．極論をすれば，検査を受ける人はほとんどが病気でないので，検査結果で + となるのも病気でない人が誤って + に出る場合がほとんどと考えることができるのである．検査結果を知る以前においては，ある人が病気 X である事前確率は $P(A_1) = 0.01$ であった．ところが検査結果が + であることを知った後（事後）では，その珍しい病気である確率は $P(A_1 \mid B_1) = 0.156$ となっている．これらの確率はいずれも事象 A_1 の起こる確率であるが，検査結果が + であったという情報を得たため，A_1 の起こる確率（事後確率）も高くなったのである．

演 習 問 題

問 1　1 個のサイコロを 2 回投げる．1 回目に出た目を X_1，2 回目に出た目を X_2 とする．
　(1)　$Y = \max(X_1, X_2)$ とする．$Y > 3$ となる確率を求めよ．
　(2)　$X_1 + X_2$ が 3 で割り切れる確率を求めよ．

問 2　1 個のサイコロを 2 回投げるとき，1 回目に出る目が 1 である事象を A，2 回目に出る目が 1 である事象を B とする．このとき，事象 A と事象 B は独立であることを示せ．

問 3　ある集団に，ウイルスの感染を発見する検査を実施したところ，ウイルス感染者の 75% がこの検査に陽性反応を示し，ウイルス感染者でない人の 5% が同じ陽性反応を示した．この集団内でウイ

ルスに感染した人の割合を 1% とするとき，無作為に選んだ人が
検査に陽性反応を示したとして，その人がウイルスに感染してい
る確率を求めよ.

第7章

確率分布

　本章では，前章に引き続き統計的推測の基礎となる事項について解説する．まず **7.1** 節で，1 次元の確率変数と確率分布について述べる．**7.2** 節では，確率分布の特徴を表す諸概念について学び，**7.3** 節で，具体的な分布とその性質について学ぶ．

■ 7.1　確率変数と確率分布

　以下の三つの条件を満たす変数（X とする）を，**確率変数**という．

(1)　X はいろいろな値をとり得るが，そのとり得る値はある範囲に定まっている

(2)　X は実験や測定が終わるなど，ある時点が過ぎると値が定まるが，それまでは値が不確定である

(3)　X のとり得る値について **確率分布** が定まっている

例えば，サイコロ投げを行ったときのサイコロの目の数 X については

1)　X のとり得る値は $1, 2, \ldots, 6$ のどれか

2)　X がどんな値になるかはサイコロを投げて目が出るまで不確か

　　3) サイコロが歪んでなければ，X が $1, 2, \ldots, 6$ のそれぞれの
　　　値をとる確率は $1/6$

となり，確率変数の条件を満たすことがわかる．

　確率変数の三つの条件 (1)〜(3) について，いくつか補足して
おく．

　(1) については，特定の値をとる確率が 0 であってもよい．また，
とり得る値は，実数でなくベクトルなどでもよい．

　(2) について，実際に定まった値を，確率変数 X の「実現値」x
という．このように，通常，確率変数は大文字，実現値は小文字で
表す．

　(3) は，「確率分布が定まっている」とは，確率がわかっていると
いうことではない点に注意してほしい．

▌1.　離散型確率分布と連続型確率分布

　サイコロの出る目のように，変数が $1, 2, \ldots$ と離散的な（とびと

*1　discrete type

びの）値をとるとき**離散型***1**確率変数**といい，身長や体重のように
とり得る値の範囲であらゆる値をとる**連続型***2**確率変数**という．

*2　continuous type

　離散型の確率変数は，確率変数 X がとり得る値に対してその値
をとる確率を考えることができる．確率分布 $f(x)$ は，X がとり得
る任意の値 x に対する確率 $\Pr(X = x)$ を x の関数として見たもの
であり，$f(x) = \Pr(X = x)$ と表す．

　図 7.1 は 1 個のサイコロを振ったときに出る目の数の確率分布で

*3　6.4節参照.

ある．確率の公理*3 より，$0 \le f(x) \le 1$，$\sum_x f(x) = 1$ を満たさ
なければならない．

　代表的な離散型確率分布には，次のようなものがある．

- 二項分布（binomial distribution）
- ポアソン分布（Poisson distribution）
- 超幾何分布（hypergeometric distribution）
- 幾何分布（geometric distribution）
- 負の二項分布（negative binomial distribution）
- 多項分布（multinomial distribution）

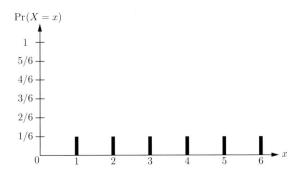

図 7.1 サイコロの目の数の確率分布

連続型の確率変数については，とり得る個々の値に正の確率を与えるとその総和は無限大となるため，離散型の確率変数の場合と同じ方法で確率を導入することはできない．そこで，以下のように**確率密度関数** $f(x)$ を定義し，特定の値 x の出やすさに対する密度で確率分布を表現する．

$$f(x) = \lim_{\varepsilon \to 0} \frac{\Pr(x \leq X \leq x + \varepsilon)}{\varepsilon} \tag{7.1}$$

確率密度関数と確率の関係は，$a \leq X \leq b$ となる確率が確率密度関数 $f(x)$ の曲線下面積に対応する（図 7.2）．

代表的な連続型確率分布には，，次のようなものがある．

- 正規分布（normal distribution）
- t 分布（t distribution）
- カイ二乗分布（χ^2 分布, chi-squared distribution）
- F 分布（F distribution）
- 指数分布（exponential distribution）
- ワイブル分布（Weibull distribution）
- ガンマ分布（gamma distribution）
- ベータ分布（beta distribution）

*1 probability function

*2 probability density function

離散型の確率変数の確率分布は**確率関数**[*1]，連続型の確率変数の確率分布は**確率密度関数**[*2] と呼ぶ．

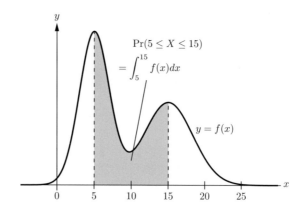

図 7.2 連続型確率変数と確率の対応関係 $5 \leq X \leq 15$ の確率
と $f(x)$ の曲線下面積が対応している.

▌2. 分布関数

*1 distribution
function

次に,**分布関数**[*1] について解説する.これは,標本空間で任意
の値 x より左側にある確率の量:区間 $(-\infty, x]$ の確率のことであ
る.分布関数 $F(x)$ は,離散型の場合は

$$F(x) = \Pr(X \leq x) = \sum_{u \leq x} \Pr(X = u) \tag{7.2}$$

連続型の場合は

$$F(x) = \Pr(X \leq x) = \int_{-\infty}^{x} f(u)du \tag{7.3}$$

と表される.また,$F(x)$ は単調増加で,$F(-\infty) = 0$,$F(\infty) = 1$
となる.この $F(x)$ により離散型・連続型確率変数が統一的に扱え
るという利点がある.図 7.3 に,離散型確率分布と連続型確率分布
の分布関数の形状を示す.

ここで,確率関数(確率密度関数)と分布関数の関係について補
足する.離散型確率変数の場合,階段関数である分布関数での階段
の飛び上がりの量が,その点 x での確率関数 $\Pr(X = x)$ に相当す
る.すなわち

$$\Pr(X = x) = F(x) - F(x-) \tag{7.4}$$

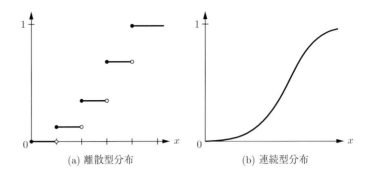

図 7.3 分布関数の形状

一方，連続型確率変数の場合，分布関数の導関数，すなわち曲線の勾配が確率密度関数に相当する．すなわち

$$f(x) = \frac{d}{dx}F(x) \tag{7.5}$$

■ **7.2** 確率分布の特徴を表す指標

分布関数では確率を x まで累積しているため，どのような値で確率が大きいかを式で知るのが難しい．そこで，分布関数 $F(x)$ がある値になるような x の値，すなわち**パーセント点**[*1] あるいは**分位点**が使われる．下側 $100\alpha\%$ 点 η_α を $F(x) = \alpha$ となる x の値，上側 $100\alpha\%$ 点 ξ_α を $F(x) = 1 - \alpha$ となる x の値，両側 $100\alpha\%$ 点（分布が原点に対して左右対称）を $F(x) = 1 - \alpha/2$ となる x の値という（図 7.4 参照）．下側 50% 点を特に**中央値（メディアン）**と呼ぶ．また，中央値，下側 25% 点，下側 75% 点を合わせて**四分位点**[*2] と呼び，これらは分布の要約としてよく用いられる[*3]．

パーセント点やそれを数表にした分布表は分布の形状を把握するのに不便な場合もある．そこで，確率分布の特性として，中心，バラツキ具合，左右対称かどうか，などの性質を調べたり，分布間で比較したりするには，**モーメント**[*4] と呼ぶ指標を用いるのが便利

*1 percentile

*2 quartile

*3 第3章で紹介した中央値，四分位点と同じものと考えてよい．

*4 moment

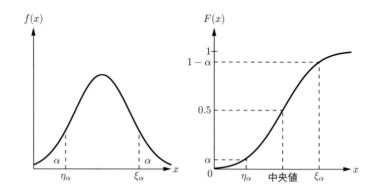

図7.4 パーセント点と密度関数（左）・分布関数（右）

である．モーメントには，(1) 原点回りのモーメントと，(2) 平均回りのモーメントの 2 種類が存在する．

(1) 原点回りの k 次のモーメント

$$離散型： \quad \mu_k = \sum_x x^k \Pr(X = x) \tag{7.6}$$

$$連続型： \quad \mu_k = \int_{-\infty}^{\infty} x^k f(x) dx \tag{7.7}$$

(2) 平均回りの k 次のモーメント

$$離散型： \quad \nu_k = \sum_x (x - \mu_1)^k \Pr(X = x) \tag{7.8}$$

$$連続型： \quad \nu_k = \int_{-\infty}^{\infty} (x - \mu_1)^k f(x) dx \tag{7.9}$$

これらの定義より，確率変数の**平均**（**期待値**とも呼ばれる）は，原点回りの 1 次のモーメント μ_1 であることがわかる．**分散**は，平均回りの 2 次のモーメント ν_2 であり，原点回りのモーメントを用いて $\mu_2 - \mu_1^2$ とも表される．さらに，標準偏差は，分散の正の平方根である．

なお，慣習的に，平均は μ，分散は σ^2，標準偏差は σ と表記することが多い．

モーメントは分布の様子を表す指標であるが，確率を質量（ある

いは質量密度）と考えれば，物理学（力学）の視点で分布を見ることができる．平均は重心

$$\frac{\sum_x x \Pr(X = x)}{\sum_x \Pr(X = x)} \quad \text{（離散型）} \tag{7.10}$$

$$\frac{\int_{-\infty}^{\infty} x f(x) dx}{\int_{-\infty}^{\infty} f(x) dx} \quad \text{（連続型）} \tag{7.11}$$

であり，分散は慣性モーメントと解釈できる．すなわち，分散は，平均（重心）回りにどれくらい確率が集中しているかを示し，小さいほど集中度が高く，大きいほど集中度が低いことを表す．

その他の重要なモーメントとして，**歪度**[*1] と**尖度**[*2] がある．

歪度は分布の非対称性を表す指標で，$\nu_3/\sigma^3 (= \nu_3/\nu_2^{3/2})$ で定義される．左右対称の分布では，歪度は 0 である．

また，尖度は分布の裾の長さと最頻値周辺の尖り方を表す指標で，$(\nu_4/\sigma^4) - 3 (= (\nu_4/\nu_2^2) - 3)$ で定義される．

このように，歪度 3 次のモーメントで，尖度は 4 次のモーメントで，それぞれ定義される．代表的な連続型確率分布である正規分布との関係を図 7.5 に示す．

最後に，モーメントを調べるのに用いる母関数である，確率母関

*1 skewness

*2 kurtosis

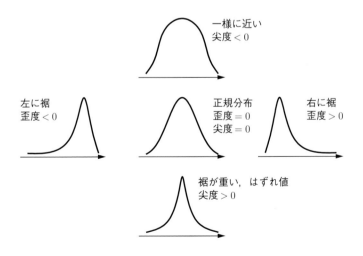

図 7.5　歪度・尖度と正規分布の関係

数*1，積率母関数*2 に触れておく．

$$\text{確率母関数：} \quad G(s) = \sum_x s^x \Pr(X = x) \tag{7.12}$$

$$\text{積率母関数：} \quad G(s) = \int_{-\infty}^{\infty} e^{sx} f(x) dx \tag{7.13}$$

詳細は他書に譲るが[40]，これらを用いることにより，モーメントを確率分布ごとに計算することができる．

7.3　代表的な確率分布とその性質

離散型・連続型それぞれの代表的な確率分布について述べる．性質の似た分布をまとめたグループを**分布族***3 と呼ぶ．また，値を定めれば確率分布が一つ決まるという役割をもつ定数を，**母数**あるいは**パラメータ***4 と呼び，母数のとり得る値の全体を**母数区間***5 と呼ぶ．例えば，平均 μ，分散 σ^2 の**正規分布**は $N(\mu, \sigma^2)$ と表し，標本の大きさ n，出現確率 p の**二項分布**は $\mathrm{Bi}(n, p)$ と表すなど，分布族は記号でまとめて表すのが一般的である．

*3 family of distribution

*4 parameter

*5 parameter space

正規分布：多くのデータを集めて平均をとる，という作業を多数回繰り返し，その平均のヒストグラムを描くと，一つの山に関して対称に裾が広がる形状になる．この分布を正規分布という．平均 μ，分散 σ^2 の正規分布 $N(\mu, \sigma^2)$ の確率密度関数 $f(x)$ は，次のように表される．

$$f(x) = \frac{1}{\sqrt{2\pi\sigma^2}} \exp\left\{-\frac{(x-\mu)^2}{2\sigma^2}\right\} \tag{7.14}$$

ただし，$-\infty \le x \le \infty$，$-\infty < \mu < \infty$，$0 < \sigma^2 < \infty$ である．また，$\exp(x) = e^x$ である．母数は，平均 μ，分散 σ^2 の二つである．図 7.6 に，いくつかの正規分布のグラフを示す．

*6 母集団について詳しくは第9章で扱う．当面は「データを収集したい集まりの全体」と思っておけばよい．

二項分布：大きさ n の標本を観察したとき，ある性質を有している個体数 X の分布である．母集団*6 でその性質を有している個体の割合を p とするとき

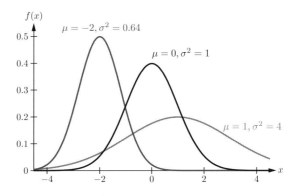

図 7.6 いくつかの正規分布

$$\Pr(X = x) = {}_n\mathrm{C}_x p^x (1-p)^{n-x} \tag{7.15}$$

が二項分布の確率関数である．ただし，$x = 0, 1, \ldots, n$ であり，二項分布の母数は n, p の二つで，母数空間は，$0 \leq p \leq 1$，n は正の整数である．また，平均は np，分散は $np(1-p)$ である．図 7.7 に，いくつかの二項分布のグラフを示す．

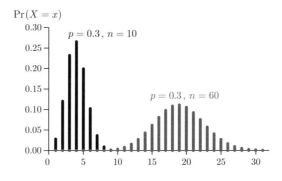

図 7.7 いくつかの二項分布

ポアソン分布：ある事象で，生起確率 p は極めて小さいが，試行回数 n が大きい場合にその事象の起こる回数 X の分布が，**ポアソン分布**である．虫歯の本数など，0 以上の整数をとる確率変数に対してよく用いられる．

$$\Pr(X = x) = \frac{e^{-\lambda}\lambda^x}{x!} \tag{7.16}$$

ただし，$x = 0, 1, \ldots, n$，$\lambda > 0$ である．ポアソン分布の母数は λ であり，平均，分散はともに λ である．図 7.8 にいくつかのポアソン分布のグラフを示す．

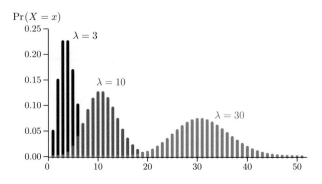

図 7.8　いくつかのポアソン分布

ポアソン分布は，二項分布において $\lambda = np$ は一定としつつ，n を大とし p を小としたときの極限である．これは次のように示すことができる．式 (7.15) で $p = \lambda/n$ とおくと，

$$\Pr(X = x)$$
$$= \frac{n(n-1)\ldots(n-x+1)}{x!}\left(\frac{\lambda}{n}\right)^x\left(1-\frac{\lambda}{n}\right)^{n-x}$$
$$= \frac{\lambda^x}{x!}\left(1-\frac{1}{n}\right)\ldots\left(1-\frac{x-1}{n}\right)\left(1-\frac{\lambda}{n}\right)^n\left(1-\frac{\lambda}{n}\right)^{-x}$$
$$\to \frac{\lambda^x}{x!}e^{-\lambda}\quad\left(\because \lim_{n\to\infty}\left(1+\frac{y}{n}\right)^n = e^y\right)$$

となる．

演 習 問 題

問1 確率関数が式 (7.15) で表される二項分布の期待値が np であることを示せ.

問2 正の値をとる連続型確率変数 X が確率密度関数 $f(x) = \lambda e^{-\lambda x}$ $(\lambda > 0)$ に従うとき，この分布を指数分布という．X の期待値を求めよ．

問3 非常に多くの同種の製品の中に 3% の不良品が含まれている．この製品の中から任意に 100 個を抽出するとき，不良品の数が 2 個以下である確率の近似値を求めよ．

第8章

標本分布と中心極限定理

　本章では，統計的推測を行ううえで重要となる，標本分布と中心極限定理について解説する．まず 8.1 節で，多次元の確率分布について述べる．8.2 節では，無作為抽出と統計量の定義を与え，標本分布の概念を扱う．8.3 節では，統計的推測に非常に重要となる統計量に関する諸概念と，大数の法則，中心極限定理について解説する．

■ 8.1　多次元確率分布

　前章では確率変数が一つの場合の 1 次元確率分布を扱った．本節では，確率変数が複数の場合の多次元確率分布を扱うが，考え方は 1 次元の確率変数の場合と本質的に同じである．

■ 1.　2 次元確率分布
　p 個の確率変数に対する確率関数（確率密度関数）は以下のように表現される．

　　　離散型確率変数：　$\Pr(X_1 = x_1, X_2 = x_2, \ldots, X_p = x_p)$
　　　連続型確率変数：　$f(x_1, x_2, \ldots, x_p)$

*1 joint distribution

これを**同時分布**[*1] と呼ぶ．2 次元の連続型確率変数の場合，2 変数が区間 $(a, b]$ と $(c, d]$ に入る確率は

$$\Pr(a < X_1 \le b, c < X_2 \le d) = \int_c^d \int_a^b f(u_1, u_2) du_1 du_2 \quad (8.1)$$

で表される．これは図 8.1 の 2 次元確率分布の図の，区間 $(a, b]$ と $(c, d]$ と山型の確率密度関数で囲まれる体積に当たる．

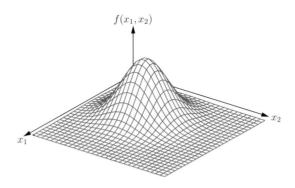

図 8.1 2 次元確率分布

2. 同時確率分布

*2 joint distribution function

　次に，**同時分布関数**[*2] について解説する．これは，2 次元の連続型確率変数の場合，区間 $(-\infty, x_1] \times (-\infty, x_2]$ にある確率の量のことである．分布関数 $F(x)$ は，離散型の場合は

$$\begin{aligned} F(x_1, x_2) &= \Pr(X_1 \le x_1, X_2 \le x_2) \\ &= \sum_{u_1 \le x_1} \sum_{u_2 \le x_2} \Pr(X_1 = u_1, X_2 = u_2) \end{aligned} \quad (8.2)$$

連続型の場合は

$$F(x_1, x_2) = \int_{-\infty}^{x_2} \int_{-\infty}^{x_1} f(u_1, u_2) du_1 du_2 \quad (8.3)$$

と表される．1 次元のときと同様，この $F(x_1, x_2)$ により離散型・連続型確率変数が統一的に扱えるという利点がある．

　ここで，確率関数（確率密度関数）と分布関数の関係について補足する．離散型確率変数の場合，階段関数である分布関数での階段の飛び上がりの量が，その点 (x_1, x_2) での確率関数に相当する．

$$\Pr(X_1 = x_1, X_2 = x_2) = F(x_1, x_2) - F(x_1-, x_2-) \quad (8.4)$$

一方，連続型確率分布の場合，分布関数の導関数が確率密度関数に相当する．

$$f(x_1, x_2) = \frac{\partial^2}{\partial x_1 \partial x_2} F(x_1, x_2) \quad (8.5)$$

▌3.　周辺分布

　ここでは，**周辺分布**の概念について解説する．なお，本節ではこれ以降，連続型の 2 次元確率変数の場合を扱うが，離散型確率変数や多次元の場合も同様に考えればよい．

　2 次元確率変数 (X_1, X_2) の X_1 の周辺分布の確率関数（確率密度関数）$f_{X_1}(x_1)$ は，次のように定義される．

$$f_{X_1}(x_1) = \int_{-\infty}^{\infty} f(x_1, x_2) dx_2 \quad (8.6)$$

図 8.2 に，2 次元確率分布の同時分布と周辺分布の関係を示す．図において，右上の四角形の内部の点群は，同時分布 $f(x_1, x_2)$ を表すものとしよう．このとき，図の左の長方形に描かれたヒストグラムは，同時分布において $x_2 = (一定)$ の直線（平面）内にある点を各 x_2 について（横方向に）数え上げたものであり，周辺分布 $f_{X_2}(x_2)$ に対応する．同様に，図の下の長方形に描かれたヒストグラムは，同時分布において $x_1 = (一定)$ の直線（平面）内にある点を各 x_1 について（縦方向に）数え上げたものであり，周辺分布 $f_{X_1}(x_1)$ に対応する．この図より，多次元の場合の同時分布と周辺分布のイメージが把握できるであろう．

▌4.　条件付き分布，確率変数の独立性

*1　conditional
distribution

　次に，**条件付き分布***1 について解説する．2 次元の確率変数 (X_1, X_2) について，$X_2 = x_2$ が観察されたときの X_1 の条件付き

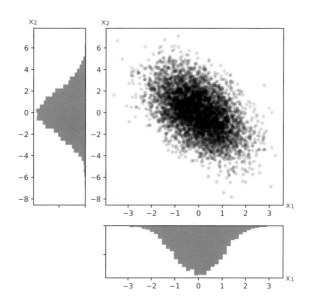

図 8.2　2 次元確率分布の同時分布と周辺分布

分布（の確率密度関数）は，次のように定義される．

$$f_{X_1|X_2}(x_1 \mid x_2) = \frac{f_{X_1,X_2}(x_1, x_2)}{f_{X_2}(x_2)} \tag{8.7}$$

ここで，$f_{X_1,X_2}(x_1, x_2)$ は (X_1, X_2) の同時分布である．すなわち，条件付き分布の確率関数（確率密度関数）は，同時分布の確率関数（確率密度関数）を，周辺分布の確率関数（確率密度関数）で割ったものである．もちろん分母が 0 にならない範囲で考える．この条件付き分布の確率関数（確率密度関数）の値は，同時分布において $X_2 = x_2$ とした場合に比例する．

例 8.1　　条件 $X_2 = c$ のもとでの X_1 の条件付き分布は

$$f_{X_1|X_2}(x_1 \mid c) = \frac{f_{X_1,X_2}(x_1, c)}{f_{X_2}(c)} \propto f_{X_1,X_2}(x_1, c)$$

である．

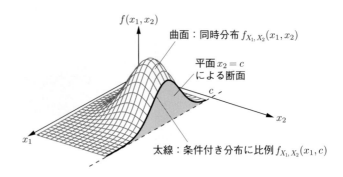

図 8.3 　2 次元確率分布の同時分布と条件付き分布

図 8.3 に，2 次元確率分布の同時分布 $f_{X_1,X_2}(x_1, x_2)$ と条件付き分布 $f_{X_1|X_2}(x_1 \mid c)$ の関係を示す．

ここで，確率変数 (X_1, X_2) の独立性を定義する．もし，(X_1, X_2) の同時分布とそれぞれの周辺分布に関して次が成り立つならば，X_1 と X_2 は互いに**独立**であるという．

$$f_{X_1,X_2}(x_1, x_2) = f_{X_1}(x_1)f_{X_2}(x_2) \tag{8.8}$$

このとき，条件付き分布の定義 (8.7) より

$$f_{X_1|X_2}(x_1 \mid x_2) = f_{X_1}(x_1) \tag{8.9}$$

が成り立つ．これはすなわち，$X_2 = x_2$ という情報が，X_1 の確率分布に関する付加的な情報をもたらさない，ということを意味する．

▌5. 共分散，相関係数

多次元確率分布の場合も，1 次元の場合と同様にモーメントが定義できる．2 次元分布のモーメントについては，それぞれ次のように定義される．

(1) 原点回りの (j, k) 次のモーメント

$$\mu_{jk} = \int_{-\infty}^{\infty} \int_{-\infty}^{\infty} x_1^j x_2^k f(x_1, x_2) dx_1 dx_2 \tag{8.10}$$

(2)　平均回りの (j,k) 次のモーメント

$$\nu_{jk} = \int_{-\infty}^{\infty} \int_{-\infty}^{\infty} (x_1 - \mu_{10})^j (x_1 - \mu_{01})^k f(x_1, x_2) dx_1 dx_2 \quad (8.11)$$

2 次元モーメントの 2 番目の添え字 k が 0 の場合は，X_1 の周辺分布のモーメントと一致する．例えば，μ_{10} は X_1 の 1 次のモーメント μ_1 と一致するが，このことは次のように示せる．

$$\begin{aligned} \mu_{10} &= \int_{-\infty}^{\infty} x_1 \left\{ \int_{-\infty}^{\infty} f(x_1, x_2) dx_2 \right\} dx_1 \\ &= \int_{-\infty}^{\infty} x_1 f(x_1) dx_1 \end{aligned} \quad (8.12)$$

同じようにして，2 次元モーメントの 1 番目の添え字 j が 0 の場合は，X_2 の周辺分布のモーメントと一致する．

　次に，二つの確率変数間の関連の強さを表す尺度として，**共分散**[*1] を定義する．これは，平均回りの $(1,1)$ 次のモーメント ν_{11} のことである．同時分布 $f_{X_1, X_2}(x_1, x_2)$ についての共分散を σ_{12} と書くと，式 (8.10)，(8.11) より，$\sigma_{12} = \nu_{11} = \mu_{11} - \mu_{10}\mu_{01}$ であることがわかる．

　また，多次元確率分布を用いた解析で重要な量に，周辺分布の 2 次のモーメントと共分散を成分とする**分散共分散行列**（共分散行列）がある．同時分布 $f_{x_1, x_2}(x_1, x_2)$ についての分散共分散行列を $\boldsymbol{\Sigma}$ とすると

$$\boldsymbol{\Sigma} = \begin{pmatrix} \nu_{20}^2 & \nu_{11} \\ \nu_{11} & \nu_{02}^2 \end{pmatrix} = \begin{pmatrix} \sigma_1^2 & \sigma_{12} \\ \sigma_{12} & \sigma_2^2 \end{pmatrix} \quad (8.13)$$

と表される．ただし，σ_1^2，σ_2^2 はそれぞれ，X_1 の周辺分布 $f_{X_1}(x_1)$ の分散，X_2 の周辺分布 $f_{X_2}(x_2)$ の分散である．なお，一般に，p 次元確率分布の分散共分散行列は，$p \times p$ の対称行列（かつ，非負定行列）となる．

　また，二つの確率変数の直線的な関連の度合いを示す尺度として，**相関係数**[*2] が定義できる．x_1, x_2 の相関係数を ρ とすると，

$$\rho = \frac{\nu_{11}}{\sqrt{\nu_{20}\nu_{02}}} = \frac{\sigma_{12}}{\sigma_1 \sigma_2} \quad (8.14)$$

*1　covariance

*2　correlation coefficient

と表される.

　ここで,独立性と無相関性について補足する.確率変数 X_1 と X_2 が互いに独立なら,X_1 と X_2 の共分散 $\sigma_{12} = \mu_{11} - \mu_{10}\mu_{01}$ は一般に 0 であり,X_1 と X_2 の相関係数は 0(無相関)である.しかし,逆は必ずしも成り立たない.すなわち,X_1 と X_2 の共分散が 0(無相関)であるからといって,X_1 と X_2 が独立とは限らない.ただし,多変量正規分布では,無相関と独立は同値である.

　また,多次元正規分布の代表的な例として,多変量(2 変量)正規分布を取り上げる.二つの連続型確率変数 X と Y があり,X と Y はそれぞれ正規分布 $N(\mu_x, \sigma_x^2)$,$N(\mu_y, \sigma_y^2)$ に従い,これらの変数間の相関係数を ρ とする.このとき,X と Y の同時確率密度関数は,各変数の平均,分散,および相関係数の五つの母数を含んだ次の式で表せる.

$$f(x,y) = \frac{1}{2\pi\sigma_x\sigma_y\sqrt{1-\rho^2}}$$
$$\times \exp\left[-\frac{1}{2(1-\rho^2)}\left\{\left(\frac{x-\mu_x}{\sigma_x}\right)^2\right.\right.$$
$$\left.\left.-2\rho\frac{x-\mu_x}{\sigma_x}\cdot\frac{y-\mu_y}{\sigma_y}+\left(\frac{y-\mu_y}{\sigma_y}\right)^2\right\}\right] \quad (8.15)$$

ただし,$-\infty < x, y < \infty$,$-\infty < \mu_x, \mu_y < \infty$,$\sigma_x, \sigma_y > 0$,$-1 \leq \rho \leq 1$ である.また,$\exp(x) = e^x$ である.この分布は,身長と体重,2 種類の試験の点数,水平方向および垂直方向の誤差などの同時分布を表すモデルとして用いられることがある.

■8.2　統計量と標本分布

　推定や検定などの統計的推測を行うためには,明確に設定した母集団から無作為標本を抽出し,それを標本平均や標本分散などの量に適切に要約し,それらに基づいて推測を行うことが必要である.そのためには,標本の情報を担っている量である標本平均や標本分散などの分布や,その性質を理解しておくことが重要である.

▍1. 無作為標本と統計量

母集団から**標本**を抽出することを，**標本抽出**と呼ぶ．特に，母集団のどの要素も標本に取り出される確率が一定であるような標本抽出を，**無作為標本抽出**または単に無作為抽出という．また，そのとき得られる標本を，**無作為標本**という．

いま，母集団の各要素に対して注目する変数の値を対応させる確率変数を X とし，その確率密度関数を $f(x)$ とする．このとき，母集団の分布は f であるという．また，i 番目に標本に抽出された抽出単位にその変数の値を対応させる確率変数を X_i と書く．このとき大きさ n の無作為標本は，$(X_1, X_2, \ldots, X_n)$ と表現できる．これら n 個の確率変数は互いに独立であり，その確率密度関数は同一でいずれも $f(x)$ である．これを，$(X_1, X_2, \ldots, X_n)$ は独立に同一の確率分布に従う[*1]といい，

*1 independently and identically distributed, i.i.d. と略す．

$$X_1, X_2, \ldots, X_n \overset{i.i.d.}{\sim} f(x) \tag{8.16}$$

と書く．また，その実現値を $(x_1, x_2, \ldots, x_n)$ と書き，これを無作為標本と呼ぶ．このとき，同時分布について

$$f(X_1, X_2, \ldots, X_n) = f(X_1)f(X_2) \cdot \cdots \cdot f(X_n) \tag{8.17}$$

が成り立つ．すなわち，同一の周辺分布の積で表される．図 8.4 は，無作為抽出の概念図である．

*2 statistic

次に，**統計量**[*2]の概念について述べる．n 個の無作為標本に基

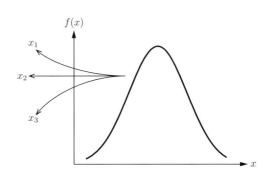

図 8.4　無作為抽出の概念図

づいて，母集団の平均や分散などの特性値に関する知見を得たいというのが統計学の目的である．統計量とは，「標本の関数で，未知母数を含まないもの」と定義され，$T = t(X_1, X_2, \ldots, X_n)$ と表記される．

例 8.2 標本平均 $(X_1 + X_2 + \cdots + X_n)/n$ は，標本 $X_1, X_2, \ldots, X_n$ の関数であり未知母数を含まないから，統計量である．

統計手法は，統計量を用いて表現されるため，統計量の性質を知ることが重要である．統計量の性質は，**標本分布**[*1] で表現される．確率変数の関数も確率変数であり，統計量 $T = t(X)$ の確率分布を考えることができる．標本分布とは，無作為標本より得られる統計量の分布のことである．我々が現実に扱うデータを 1 組の標本と考えた場合，そこから計算される統計量の値は一つであり，分布することはない．しかし，仮想的に大きさ n の標本を何組も取り出すことを考えることはできる．これらの標本に基づいて計算される統計量の値 t は，さまざまな値をとると考えられる．したがって，これらの値に対応する確率変数を T とすれば，T はさまざまな値をさまざまな確率でとると考えられる．これが統計量 T の確率分布という概念である．図 8.5 は，統計量の標本分布のイメージである．

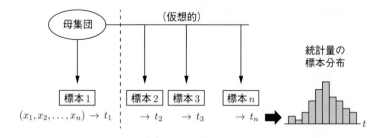

図 8.5　統計量の標本分布

確率変数 $X = (X_1, X_2, \ldots, X_n)$ の同時確率密度を $f_X(x)$ とする．変数変換 $Y = h(X)$ 後の確率密度 $f_Y(y)$ は，以下で与えられ

*1　sampling distribution

る[40].

$$f_Y(y) = f_X(h^{-1}(y))\,||J|| \tag{8.18}$$

ただし，行列式 $|J| = |(\partial x_i/\partial y_i)|$ はヤコビアンと呼ばれる．統計量の分布の計算は，無作為標本の従う分布 $f(x)$ が定まれば，原理的には求まる．しかしながら，実際上計算が困難なことが多いため，分布を正確に求めないまま，統計量の性質を議論したい．そのため，統計量の期待値や分散といったモーメントを計算する．ある統計量 $T = t(X)$ が従う確率分布の確率密度関数を $g(t)$ とするとき，T の平均 $E(T)$ は，定義により

$$E(T) = \int_t t g(t) dt \tag{8.19}$$

で与えられる．$E(T)$ の演算には T の確率分布 $g(t)$ が含まれるため，まず $g(t)$ の導出が必要なように思えるが，その必要がない，もう一つの計算法がある．それは，T を一つの確率変数としてでなく，確率変数 $X_1, X_2, \ldots, X_n$ の関数と見て，以下を計算する方法である．

$$E(T) = \int_{x_n} \ldots \int_{x_2} \int_{x_1} t(x_1, x_2, \ldots, x_n)$$
$$\times f(x_1, x_2, \ldots, x_n) dx_1 dx_2 \ldots dx_n \tag{8.20}$$

前者では T の分布 $g(t)$ を求める必要があり，後者では多重積分が必要になるが，いずれか計算の楽なほうを用いればよい．

■ 8.3　大数の法則と中心極限定理

*1 law of large numbers

*2 central limit theorem

大数の法則[*1] と**中心極限定理**[*2] は，統計学を学ぶうえで非常に重要である．

大数の法則は，大きさ n の無作為標本 $(X_1, X_2, \ldots, X_n)$ において平均と分散を $E(X_i) = \mu$，$V(X_i) = \sigma^2$ とするとき，標本の大きさ n が大きくなると，標本平均 $\sum X_i/n$ は母平均（母集団の平均）

μ に近づくという性質を述べたものである．また，中心極限定理は，大きさ n の無作為標本 $(X_1, X_2, \ldots, X_n)$ において平均と分散を $E(X_i) = \mu$, $V(X_i) = \sigma^2$ とするとき，標本の大きさ n が大きくなると，標本平均 $\Sigma X_i/n$ の確率分布は平均 μ, 分散 σ^2/n の正規分布に収束する，つまり

$$Z_n = \frac{\bar{X} - \mu}{\sigma/\sqrt{n}} \to N(0, 1) \tag{8.21}$$

という定理である．

中心極限定理の主張は，もともとのデータの従う分布がどのような分布であったとしても，その標本平均をとれば，それは標本の大きさが大きくなれば正規分布に近似的に従うと見なしてよい，ということである．この性質は，次章で述べる統計学的な検定や区間推定に大いに活用されている．図 8.6 に，歪んだデータの平均による中心極限定理の概念図を示す．A はガンマ分布と呼ばれる，0 以上の値をとり右側に歪んでいる元データのヒストグラムである．また，B, C, D はそれぞれ 10, 50, 1000 のサンプルサイズに対する標本平均のヒストグラムで，いずれもシミュレーションにより得られたものである．平均はほぼ 3 で，標本の大きさが大きくなるにつれ，より正規分布に近く，バラツキが小さい分布になっていること

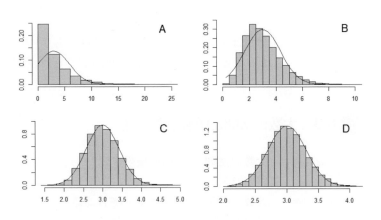

図 8.6 歪んだデータによる中心極限定理の概念図

がわかる.

演 習 問 題

問 1　2 次元正規分布 (8.15) において，$\mu_x = \mu_y = 0, \sigma_x^2 = \sigma_y^2 = 1$ のとき，$f(x, y)$ を標準正規分布という.

(1)　X の周辺確率密度関数 $f(x)$ を求めよ.

(2)　条件付き確率密度関数 $f_{X|Y}(x \mid y)$ を求めよ.

問 2　$X_1, \ldots, X_n$ が互いに独立で二項分布 $\mathrm{Bi}(1, p)$ に従うとき，$Y = \displaystyle\sum_{i=1}^{n} X_i$ は二項分布 $\mathrm{Bi}(n, p)$ に従う．n が大きいとき，中心極限定理を用いて，Y の従う分布が正規分布 $N(np, np(1-p))$ で近似できることを示せ.

第 9 章

点推定・区間推定・仮説検定・p 値

　本章では，推定と仮説検定を含む統計的推測の重要概念を解説する．推定とは，平均など母集団の未知の特性に着目し，データよりその見積もりを行うことである．例えば，ある治療法による C 型肝炎の治癒率の予想などである．また，検定とは，母集団特性に関する命題（仮説）とデータの食い違いを測る手続きであり，対立する仮説の選択に用いる．例えば，異なる治療法間で C 型肝炎の治癒率に差があるか否かの検討などである．まず 9.1 節で，統計的推測の核となる推測統計学の理解を深めるために，統計学の体系について述べる．続く 9.2 節で，点推定と区間推定について述べ，9.3 節で，仮説検定と p 値の概念について解説する．

9.1 統計学の体系

　統計学の目的や知見を得る手順については前章まででも触れてきたが，ここでもう少し詳しい説明を行おう．図 9.1 は，典型的な統計学の体系を図示したものである．時間的に変化する現象に興味がある場合など，すべての状況が説明できるわけではないが，統計学が対象とする多くの場面では，この図に示したような形で解釈が可能である．以下では図 9.1 の各部分についての説明を，順を追って

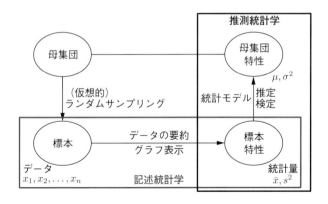

図 9.1 統計学の体系

行う.

▎1. 母集団の設定

　我々の興味は，人やものの集まり（**母集団**と呼ぶ）のある特性（**母集団特性**と呼ぶ）に関する知見を得ることにある．例えば対象とする母集団が日本全国の有権者であり，次回の国政選挙で政党 A が何議席を獲得するかを予想したい場合があるだろう．また，母集団が C 型肝炎にかかっている患者の集団であり，注射だけによる治療と，飲み薬を併用した治療を行った場合の治癒率に差があるか否かを知りたい場合があるだろう．問題によっては，母集団は実験の集まりである場合も考えられる．例えば，何種類かの肥料を与えたときの米の収穫量に興味がある場合には，各種類の肥料を与えるという無限回の実験の集まりが，仮想的な母集団と考えられる．

　いずれにせよ，母集団はできるだけ明確に規定しておく必要である．選挙の例では，ある地方における政党 A の獲得議席数を予想したい場合には，母集団はその地方の有権者の全体と設定しなければならない．後述する母集団からの無作為抽出が現実的に難しい場合には，得られるデータに対して仮想的な母集団を考える必要がある．

▌2.　母集団からの標本抽出

　もし，母集団に属する個体すべて（母集団全体）を調べることができれば，母集団特性を知ることは可能である．しかし，母集団全体を調べることは，一般に費用的にも時間的にも難しい場合が多い．例えば，日本全国の全有権者に政党 A の候補に投票するか否かを聞くことは，現実には不可能である．また，全国の C 型肝炎の患者に 2 種類の治療を施してその効果を調べることはできないし，倫理的にも許されることではない．では，母集団全体を調べることなく母集団特性に関する知見を得たいとすれば，どのようにすればよいであろうか．

　統計学では，母集団に関する情報を取得するために，何らかの意味で母集団を代表すると考えられるその一部分を取り出し，それを調べることによって，知りたい母集団特性に関して推論を行うという方法（あるいは枠組み）を用いる．この取り出された一部分を**標本**と呼ぶが，それは人やもの，あるいは実験の集まりである．

　母集団からの標本抽出にはさまざまな方法が考えられるが，基本となるのは**無作為抽出法**（ランダムサンプリング）である．これは母集団のどの要素（人やもの，実験など）も，標本として選ばれる確率が等しくなるような標本抽出法である．この場合，標本は無作為（ランダム）に選ばれるという．本書の以降の議論で対象とする標本は，仮想的な無限母集団から無作為抽出された標本とする．無限母集団とは，文字通り母集団全体が無限大の大きさであるということである．その理由は，無作為抽出標本の場合が基本となることと，それ以外の標本抽出の場合の統計理論があまり整備されていないことである．

　それでは，実際に標本が無作為抽出されていない場合には，どのように考えればよいであろうか．例えば，医学研究における究極の推測対象は「当該疾患を有する患者全体」である．上述のとおり，無作為抽出は困難あるいは実現不可能であるから，仮想的母集団は，研究対象集団の特徴（標本特性）に応じて操作的につくられる，あるいは想像されると考えるべきである．例えば，「がん専門病院で切除を受けたステージ 1 から 2 の日本人女性の乳がん患者」を対

象とした臨床研究であれば，同様の特徴をもつ患者が母集団と考えることになる．

▌ 3. 標本の記述——記述統計学

さて我々は，得られた標本に基づいて，より大きな集団である母集団特性に関する知見を得ることに興味がある．そのためには，標本のもつ特徴を把握し，母集団特性に関する知見を得るのに役立つような情報を標本から抽出する必要がある．

ここで注意してほしいのは，厳密に考えれば，標本は単なる人やもの，実験のいくつかの集まりであり，数字の集まり（データ）ではない，という点である．しかし，知見を得たい特性が，例えば政党 A の当選候補者数であれば，一人一人の有権者が政党 A の候補者に投票すると答えた場合には 1，そうでないと答えた場合には 0 という値をとる変数を考え，標本に抽出された有権者の回答に対応させた $\{1, 0\}$ の数字の集まりを標本と考えても，混乱はないだろう．また，米の収穫の例では，標本に選ばれた一つの実験に，その実験の結果得られた米の収量（トンや kg などの重さの単位をもつ実数）を対応させる変数を考え，それらの実数の集まりを標本と考えてもよいであろう．このように，標本の要素に，ある実数や整数を対応させる変数（写像）を，確率変数と呼んだ（第 7 章参照）．また，標本の各要素に対応する確率変数の実現値である実数の集まりを，データと呼ぶ．実際の多くの場面では，興味のある母集団特性に対応する確率変数は明らかであるので，「標本」と「データ」を区別して用いなくても混乱はないであろう．そこで以下では，これら二つの用語はほぼ同じ意味をもつものとする．

では，標本からその特徴を抽出するには，どのようにしたらよいであろうか．標本としてとられたデータはいくつかの数値の集まりであり，これをただ漫然と眺めているだけでは，その特徴抽出はできない．そこでデータを，標本特性と呼ぶいくつかの数値または図として要約することを考える（これが第 3 章で述べたデータの記述・可視化である）．すなわちデータを，例えば標本平均や標本分散などといった少数個の数値にまとめあげ，データ全体の中心的位置やバラツキの具合についての情報などを抽出する．またある場合

には，データをいくつかの階級に分類した度数分布などの図を描き，データの分布状況についての情報を抽出する．一般に，標本を少数個の数値または図（標本特性）に要約して情報を抽出する方法やその性質を調べる学問分野は，記述統計学と呼ばれる．

▌4.　標本特性に基づく母集団特性の推測──推測統計学

　記述統計学によって標本から情報抽出を行った結果得られた標本特性を用いて，母集団特性に関する知見を得る方法について考えてみよう．この場合，我々が興味をもつ統計的問題は，2種類に大別される．一つは，政党 A の獲得議席数を予想する問題や，ある治療法によるあるタイプの C 型肝炎の治癒率を予想する問題などのように，母集団の未知の数値（平均や割合など）に関するものであり，**推定**の問題と呼ばれる．もう一つは，C 型肝炎に対する2種類の治療法の間に差があるか否かを調べる問題や，与えた肥料の種類によって米の収量に差があるか否かを調べる問題などのように，母集団特性に関する対立する命題の選択に関わるものであり，**仮説検定**（または単に**検定**）の問題と呼ばれる．推定と検定の問題は，互いに密接な関係があり，これら2種類の問題を合わせて統計的推測の問題と呼んでいる．

　さて，次のような推定の問題を考えてみよう．母集団を日本の大学1年の男子学生の集まりと設定し，知りたい母集団特性がその平均身長 μ〔cm〕であるとする．いま，50人の大学1年の男子学生の身長を調査したところ，その平均が $\bar{\mu} = 173.6\,\mathrm{cm}$ となったとしよう．このとき μ の推定値を $\hat{\mu} \approx 173.6\,\mathrm{cm}$ と考えるのは自然であろう．これを数学的に表現すれば，$173.6 - h < \mu < 173.6 + h$ となる．ここで，$h > 0$ は 173.6 cm の回りに付ける，ある幅である．

　では，この記述は正しいだろうか．もちろん，$h = 100\,\mathrm{cm}$ などとすれば，この記述は $73.6 < \mu < 273.6$ となり，これは間違いなく正しいだろう．しかしこれでは，標本を抽出して調査を行う意味がない．我々はできるだけ小さな h の値をとり，この意味で精度の良い推定を行いたい．しかし h を小さくとればとるほど，$173.6 - h < \mu < 173.6 + h$ という主張が誤りである可能性は大きくなってしまう．例えば $h = 0.1$ ととると，$173.5 < \mu < 173.7$ と

なるが，2018 年次の国民健康栄養調査に基づく日本人の 20 代男性の平均身長が 171.7 cm であることを踏まえると[56]，この主張が誤りである確率は相当に高いといえるだろう．

このように考えれば，

> 「我々は母集団全部を調べたわけではなく，その一部分から得られた情報のみをもとに母集団全体に関わる未知の特性に関する知見を得ようとするのだから，確実に成り立つ（確率1で正しい）主張をすることはできない」

ということが理解できる．このような状況のもとでは，$173.6 - h < \mu < 173.6 + h$ という主張が成り立つ確率が相当程度に高いこと（例えば 95 %）をもって満足せざるを得ない，ということになる．このようにして未知の μ に対する推定を行う方法を，**区間推定法**と呼ぶ（次節で扱う）．

■9.2 点推定と区間推定

■1. 点推定

n 世帯の中であるドラマを視聴していた世帯数を X とし，そのドラマの視聴率（母集団での確率）p の推定を考える．視聴世帯数 X は確率変数であり，二項分布 $\mathrm{Bi}(n, p)$ に従う．例えば，1 000 世帯中 200 世帯が視聴していた場合には，

$$\hat{p} = \frac{X}{n} = \frac{200}{1\,000} = 0.2$$

と p の推定ができる．このように，一つの値で推定を行う方法を，**点推定**[*1] という．

*1 point estimation

推定の問題に対する統計的手法は，あらかじめ，ある統計量 $t(X)$ を用意しておき，標本の実現値 x が得られたら，それを X に代入して得られる $t(x)$ を関心のある母数 θ の真の値（に近いもの）と判断する，という形で整理される．先の例では，θ が確率 p であり，$t(X)$ が標本割合である．このとき，推定に用いる統計量 $t(X)$ を**推**

*1　estimator

*2　estimate

*3　unbiased-
ness

*4　unbiased
estimator

*5　least
squares method

*6　maximum
likelihood method

*7　interval esti-
mation

定量*1，推定の結果得られる実現値 $t(x)$ を **推定値***2 と呼ぶ．どのような推定量が良い推定量であるかの基準としてさまざまなものが提案されており，それら一つ一つの紹介は割愛するが，ここでは，一つの重要な基準として不偏性*3 を取り上げておく．

不偏性とは，任意の母数 θ に対して

$$E[t(X)] = \theta \tag{9.1}$$

が成立することで定義される．すなわち，推定量の期待値が真値と一致するという性質である．図 8.5 のように，母集団から仮想的に複数回の無作為抽出をした場合（視聴率を調べる世帯の複数回の無作為抽出をした場合），そのたびに推定値（抽出された世帯での視聴割合 $\hat{p}$）は変化するであろうが，その $\hat{p}$ の平均をとると，関心がある母集団での視聴率と一致する，ということである．このような，不偏性という望ましい性質をもつ推定量を，**不偏推定量***4 と呼ぶ．原理的に望ましい性質をもつ推定量の構成法として，最小二乗法*5 や最尤法*6 などが知られている．

▌2.　区間推定

前節で述べた大学 1 年の男子学生の身長に関する例のように，ある程度の幅をもたせて $0.17 \leq \theta \leq 0.23$ のようにして母数 θ（ここでは p）の推定を行う方法を，**区間推定***7 と呼ぶ．典型的な信頼区間のつくり方を，以下で述べる．

例として，平均（母平均）μ，分散（母分散）σ^2 が既知である正規分布からの無作為標本を考え，未知の母平均 μ の 95% **信頼区間**をつくることにしよう．まず，標準化を行うと，次式が成り立つ．

$$Z = \frac{\bar{X} - \mu}{\sigma/\sqrt{n}} \sim N(0,1) \tag{9.2}$$

ここで，$Z \sim N(0,1)$ は Z が標準正規分布 $N(0,1)$ に従うという意味である．式 (9.3) では，正規分布に関する次の性質を利用した．

正規分布の性質：確率変数 X が正規分布 $N(\mu, \sigma^2)$ に従うとき，X の 1 次関数 $Y = aX + b$ は正規分布 $N(a\mu + b, a^2\sigma^2)$ に従う．これを用いると，下記の Z は**標準正規分布** $N(0,1)$ に従う．

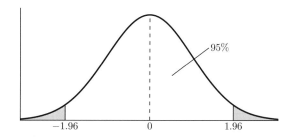

図 9.2　標準正規分布と確率の対応

$$Z = \frac{X - \mu}{\sigma} \tag{9.3}$$

式 (9.3) のような，X から平均を引き標準偏差で割る操作を，**標準化**と呼ぶ．なお，確率変数 X が二項分布 $\mathrm{Bi}(n, p)$ に従い，n が大きいとき，中心極限定理より，確率変数 X が従う分布は正規分布 $N(np, np(1 - p))$ で近似できる．

標準正規分布に関しては，図 9.2 より $\Pr(|Z| \leq 1.96) = 0.95$ が成立する．したがって，以下の等式が成立する．

$$\Pr\left[-1.96 \leq \frac{\bar{X} - \mu}{\sigma/\sqrt{n}} \leq 1.96\right] = 0.95 \tag{9.4}$$

すなわち，Z の絶対値が 1.96 以下になる確率は 95% ということである．上式の [ ] 内を μ について解くと，

$$\Pr\left[\bar{X} - 1.96\frac{\sigma}{\sqrt{n}} \leq \mu \leq \bar{X} + 1.96\frac{\sigma}{\sqrt{n}}\right] = 0.95 \tag{9.5}$$

が成立する．したがって，

$$\left[\bar{X} - 1.96\frac{\sigma}{\sqrt{n}}, \bar{X} + 1.96\frac{\sigma}{\sqrt{n}}\right]$$

が求めたい母平均 μ の 95% 信頼区間である．この 0.95 または 95% を信頼度（信頼係数）といい，上で求めた区間を母平均 μ に対する 95% 信頼区間という．なお，$\sqrt{n}$ が分母にあることから，標本の大きさを k^2 倍にすると信頼区間の幅は $1/k$ 倍になることがわ

かる.

　同様に, X を二項分布 $\mathrm{Bi}(n, p)$ に従う確率変数とすると, 中心極限定理により近似的に,

$$Z_B = \frac{\hat{p} - p}{\sqrt{\hat{p}(1 - \hat{p})/n}} \tag{9.6}$$

は標準正規分布 $N(0, 1)$ に従うことがわかる. よって,

$$\Pr\left[-1.96 \leq \frac{\hat{p} - p}{\sqrt{\hat{p}(1 - \hat{p})/n}} \leq 1.96\right] = 0.95 \tag{9.7}$$

より,

$$\left[\hat{p} - 1.96\sqrt{\frac{\hat{p}(1 - \hat{p})}{n}}, \hat{p} + 1.96\sqrt{\frac{\hat{p}(1 - \hat{p})}{n}}\right]$$

が p の 95% 信頼区間となる. 視聴率の例では, $\hat{p} = 0.2, n = 1\,000$ を上式に代入すれば, 95% 信頼区間は $[0.18, 0.22]$ となる.

　ここで, 信頼区間の解釈について注意点を述べる. 信頼度 95% の信頼区間の意味は, 母集団の平均や割合がこの区間に入る確率が 95% である, ということではない. なぜなら, 母平均などは特定の母集団における固有の値 (定数) であり, 確率的に変化することはないためである. すなわち, 算出された信頼区間については, 母平均が「含まれる」か「含まれない」かのどちらかである. したがって,「母平均が, 95% の確率で推定した信頼区間に含まれる」ということはできないことがわかる. 信頼区間の正しい解釈は,

> 「母集団から標本を無作為抽出して, 特定の方法で 95% 信頼区間を求める, という作業を 100 回やったときに, 95 回はその区間の中に母平均が含まれる」

ということである.

　図 9.3 は, 平均 100, 標準偏差 10 の正規分布に従う, 標本の大きさ 25 の乱数を発生させその標本平均を求め, 信頼度 95% の信頼区間を求めることを 50 回繰り返して, それぞれの信頼区間をプロットしたものである. 図 9.3 の 30 番目と 50 番目は真値である 100

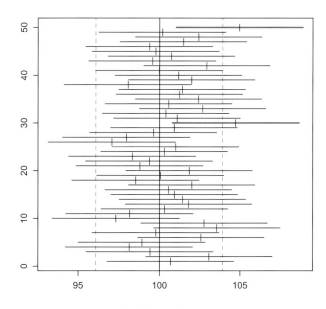

図 9.3　正規乱数に基づく 95% 信頼区間

を含んでいないが，同じような手順で 100 回信頼区間を求めたとき
に，95 回程度は真値を含む．これが，信頼度 95% の意味である。

9.3 仮説検定と p 値

本節では仮説検定と p 値の概念について解説する．

1. 仮説検定

仮説検定の考え方を解説するために，次の例を考えてみよう．

例 9.1　　1 枚のコインを 10 回投げたとき，10 回とも表が出た
としよう．このような場合には，そのコインは偏りがある，すなわ
ち表が出やすいのではないかと疑われるだろう．では，どのように
考えれば，そのコインが偏っているか否かを科学的に判定すること

ができるだろうか.

いま,

$$H_0：コインは偏りがない \quad \left(p = \frac{1}{2}\right)$$

という命題を考える.ただし,p は毎回の試行で表の出る確率である.X を 10 回のコイン投げで表の出た回数を表す確率変数とすれば,X は母数 $(n = 10, p)$ の二項分布に従う.これより,命題 H_0 が真だとすれば,そのもとで 10 回とも表が出る確率は,表 9.1 より,0.001 である.すなわち 10 回のコイン投げですべて表が出ることは,1 000 回に 1 回程度しか起こらないことになる.

表 9.1 二項分布 $\mathrm{Bi}(10, 0.5)$ の確率分布

x	0	1	2	3	4	5
$\Pr(X = x)$	0.001	0.010	0.044	0.117	0.205	0.246

x	6	7	8	9	10	合計
$\Pr(X = x)$	0.205	0.117	0.044	0.010	0.001	1.000

実際には,コインに偏りはなく,そのような極めて珍しいことがたまたま起こっただけかもしれない.しかし,そのように考えるよりは,命題 H_0 が真ではない,すなわちそのコインは表が出やすくつくられていたと判定するほうが自然であろう.

一般に,統計的仮説とは,母集団分布の未知パラメータに関する興味のある命題のことをいう.仮説検定では,二つの仮説 H_0, H_1 を対にして考える.ここで H_0 を**帰無仮説**,H_1 を**対立仮説**と呼ぶ.例 9.1 では,

$$H_0：p = \frac{1}{2}, \quad H_1：p > \frac{1}{2}$$

などと考える.このように,p が帰無仮説の値である 1/2 よりも大きい(あるいは小さい)という対立仮説を設定する場合は,それに基づく仮説検定を**片側検定**[*1] と呼ぶ.一方,$p \neq 1/2$ のような対

*1 one-sided test あるいは one-tailed test

＊1 two-sided
test
あるいは
two-tailed test

立仮説を設定する場合は，両側検定＊1 と呼ぶ．

このとき，仮説検定とは，帰無仮説 H_0 のもとで観測されたような結果が得られる確率の値により，H_0 を真とするか否かを判定する手順のことをいう．すなわち，H_0 のもとで観測された結果が起こる確率が，ある事前に定められた値（例えば 0.05，0.01 など）以下であれば，H_0 を真ではないと判定する．これを，H_0 を**棄却**する，という．また，棄却という判断に対応する統計量の値の領域を棄却域という．

これに対し，観測された結果が起こる確率が事前に定められた値より大きければ，H_0 のもとでそのようなことが起こるのはそう珍しくはなく，したがって H_0 を疑う理由はないとして，H_0 を真と判定する．これを，H_0 を採択する，という．

ただし，「帰無仮説 H_0 を採択する」といういいかたをもって，積極的に H_0 が真であると主張しているのではないことに注意する必要がある．すなわち，「帰無仮説 H_0 を採択する」の意味は，観測された標本だけからでは H_0 を棄却する積極的な理由はなく，「棄却できない」ということであり，もし標本が追加されれば，H_0 が棄却される可能性もある．一方，帰無仮説 H_0 を棄却できたなら，有意水準で示した「誤りの確率」内ではあるが，対立仮説で示した主張を認めることになる．また，検定において事前に定める値を検定の有意水準と呼び，通常は 5% または 1% などの値が用いられる．

なお，「帰無仮説」という名称は，多少奇異に感じられるかもしれないが，その由来は次のようなものである．すなわち，現実の問題においては，我々は仮説 H_0 が疑わしい場合に検定を行うことが多い．したがって，H_0 を「無に帰する」ことを期待する場合が多いので，このような名称で呼ばれているのである．

以下に，例 9.1 で取り上げたコイン投げの例を用いて，仮説検定の手順についてまとめる．

(1) 帰無仮説，対立仮説を立てる
　　帰無仮説 H_0：コインの表の出る確率 p は 0.5 である．
　　対立仮説 H_1：コインの表の出る確率 p は 0.5 より大きい．

(2) 有意水準を決める

「帰無仮説が真であるという仮定のもとで，滅多に起こらないと判断する基準」になる確率の値（0.05 など）を決める．

(3) 帰無仮説が真であるという仮定のもとで，棄却域を決める

「滅多に起こらないこと」を定める限界値の計算．

表 9.1 より，$X \geq 8$ の確率は 0.055 で有意水準 0.05 より大きく，$X \geq 9$ の確率は 0.011 で 0.05 より小さい有意水準 $\alpha = 0.05$ のとき，$X \geq 9$ ならば「帰無仮説 H_0 を棄却する」（コインは表が出やすいと判断する）．

▍2. p 値

次に，p 値について解説する．帰無仮説のもとで実際にデータから計算された統計量よりも極端な（仮説に反する）統計量が観測される確率を，**p 値**[*1] といい，以下で定義される．

*1 probability-value

$$\Pr[t(X) \geq t(x) \mid H_0] \quad \text{（片側検定の場合）}$$

9.1 で取り上げたコイン投げで，8 回表が出た場合に p 値を計算する．8 回以上表が出る確率を計算すればよいので，表 9.1 より

$$0.01 + 0.010 + 0.044 = 0.055$$

と求められる．

(a) p 値に含まれる情報

ここでは，p 値に含まれる情報について述べる．まず，検定においては，有意水準を $\alpha = 0.05$ と定め，

$$\Pr[t(X) \geq c \mid H_0] < 0.05$$

となる定数 c を定めた（この c を棄却限界値と呼ぶ）．コイン投げの例では，$X \geq 9$ ならば「帰無仮説 H_0 を棄却する」ため，$c = 9$ である．この式より，実際に観察された検定統計量の実現値 $t(x)$ が c 以上であれば，対応する p 値は

$$p\,値 = \Pr[t(X) \geq t(x) \mid H_0] \leq \Pr[t(X) \geq c \mid H_0](< 0.05)$$

となり，有意水準 $\alpha = 0.05$ より小さいことがわかる．すなわち，p 値と有意水準 α の大小関係を見れば，有意水準 α の検定において帰無仮説 H_0 が棄却できるか判定できる．さらに，p 値が極端に小さいことは，H_0 が正しいときにそのようなデータが得られる可能性が小さいことを意味しているため，p 値は「帰無仮説とデータの乖離の指標[*1]」として判断できる．

*1 a measure of evidence against the null hypothesis

(b) 検定結果や p 値の解釈

以下では，現実のデータ解析における検定結果や p 値の解釈について注意点を述べる．

まず，検定で評価しているのは，帰無仮説を棄却するか採択するかのどちらかのみである，ということである．例えば，ある医療情報データベースにおいて，「既存薬群と新薬群の有効割合が等しい」という帰無仮説の検定を考え，群間比較を行った場合，これが棄却されたこと（すなわち p 値が有意水準を下回ったこと）が直接的に意味するのは，「新薬群のほうが既存薬群よりも有効割合が大きい」という（ある確率の範囲での）証拠が得られた，ということにすぎない．仮説検定において「帰無仮説を棄却する」ことを「統計的に有意である[*2]」ということがあるが，一般に，標本の大きさ（サンプルサイズ）が大きければ，同じ群間差のもとでの検定の p 値は小さくなる傾向があるため，特に大きな標本を用いたデータ解析においては，実際には意味のある差ではなくとも，「統計的に有意」な結果が得られてしまう場合がある．したがって，検定の結果や p 値だけでなく，「新薬と既存薬の有効割合の差とその 95% 信頼区間」といった推定結果を同時に算出することが，得られた結果全体を解釈するうえで重要である．

*2 statistically significant

また，検定を用いる際は，検証的研究[*3] と探索的研究[*4] の違いも念頭に置く必要がある．検証的研究は，例えば，「事前に定められた仮説を評価するための，適切に計画・実施された比較研究」などと説明される．一方，探索的研究は，抽象的な研究のアイディアを検証的研究で確認できるように，定式化された仮説に変換するために実施する，いわば仮説創出のための研究である．探索的研究も明確で精密な目的をもつべきであるが，事前に設定した仮説に対する検討だけでなく，事前に仮説を設定せずデータから得られる知見

*3 confirmatory study

*4 exploratory study

に基づいて，すなわちデータドリブンに仮説の選択を行うこともあり得る．そのため，もし検定を用いる必要があるとすると，検証的研究と探索的研究では検定を用いる目的が異なる．検証的な研究においては，検定の結果に基づいて実際のビジネスなどのアクションを決めることができるので，そのようなケースは「対立する仮説の選択」という二値判断を行う検定が威力を発揮する．

演 習 問 題

問1　$X_1, \ldots, X_n$ が互いに独立で二項分布 $\mathrm{Bi}(1, p)$ に従うとき，$\bar{X} = \dfrac{1}{n} \displaystyle\sum_{i=1}^{n} X_i$ が p の不偏推定量であることを示せ．

問2　X と Y が互いに独立で正規分布に従うとき，$X + Y$ も正規分布に従うことが知られている．$X \sim N(\mu, \sigma^2)$，$Y \sim N(\xi, \tau^2)$ で，X と Y が互いに独立であるとき，$X + Y \sim N(\mu + \xi, \sigma^2 + \tau^2)$ が成り立つ．

$X_1, \ldots, X_n$ が互いに独立で正規分布 $N(\mu, 1)$ に従い，$Y_1, \ldots, Y_n$ が互いに独立で正規分布 $N(\xi, 1)$ に従うとする．また，$X_1, \ldots, X_n$ と $Y_1, \ldots, Y_n$ は互いに独立であるとする．このとき，$\mu - \xi$ の 95% 信頼区間を作れ．

問3　$X_1, \ldots, X_n$ が互いに独立で正規分布 $N(\mu, 1)$ に従うものとし，その標本平均を $\bar{X} = \dfrac{1}{n} \displaystyle\sum_{i=1}^{n} X_i$ とする．統計量 $Z = \sqrt{n}(\bar{X} - \mu)$ に基づいて，仮説 $\mu = 0$ の検定を考える．$n = 100$ として，$\bar{X} = 0.1, 0.2$ それぞれのときの p 値を求めよ．

第 10 章

機械学習の基礎

　本章では，機械学習に関する基礎的な事項について解説し，機械学習の基本的考え方を俯瞰する．機械学習の問題は，教師あり学習と教師なし学習に大別されるが，それぞれ回帰分析の問題と判別分析の問題として整理できることを解説する．また，種々の機械学習の方法の選択や比較を行う際に重要な，損失関数の概念やモデル選択の考え方についても触れる．

■ 10.1　機械学習とは〜回帰分析を例として〜

■ 1.　統計的誤差

*1　example

　機械学習は標本あるいは例題[*1] と呼ばれるデータから，統計学的考えに基づいて，データの背後にある規則を導く推論やアルゴリズムのことである．機械学習の名称は市民権を得つつあるが，より正確には**統計的機械学習**と呼ぶべきである．演繹推論に基づく数学の理論と違い，データに基づく帰納推論から導かれる機械学習の結果は，常に誤差が伴う．機械学習の結果の不確実性を正確に理解することは，理論を実社会に適用する際に本質的に重要である．機械学習の結果の不確実性はさまざまな理由に由来する．不確実性を確実に低減させるために，例えば，適切な調査方法の吟味や記録ミ

スを防ぐためのチェック体制の構築などが重要であることはいうまでもない．しかし，コイントスでは毎回の結果を正確に予測できないのと同じように，実験データや社会調査データには宿命的に偶然の変動が伴う．データに内在する変動に由来する機械学習の結果の不確実性を統計的誤差と呼ぶ．

▎2.　機械学習の基本的考え方

　機械学習は非常に多くの分野に応用されている．ここでは最もよく使われる回帰分析の例を通して，機械学習の基本的考え方を見ていくことにする．

*1
https://www.
kaggle.com/
brandonyongys/
insurance-
charges

　図 10.1 は，米国の医療保険データ[*1] を用い，BMI が 30 以下で子供がいない喫煙者の医療費請求額 y_i（単位はドル）と年齢 x_i の関係を散布図として示したものである．図 10.1 から，年齢が高い人ほど医療費を多く請求している定性的傾向が読み取れる．もし，この関係が直線的で

$$y_i = \alpha + \beta x_i + 誤差$$
$$(i = 1, \ldots, n;\ n はデータの大きさ) \tag{10.1}$$

と仮定できれば，予測誤差

$$L = \sum_{i=1}^{n} \{y_i - (\alpha + \beta x_i)\}^2 \tag{10.2}$$

を最小にすることにより，切片 α と傾き β が推定できる．式 (10.1) の表す直線を**回帰直線**といい，式 (10.2) を**二乗損失関数**という．また，二乗損失関数を最小にする方法を**最小二乗法**[*2] といい，最小二乗法による α，β の推定量 $\hat{\alpha}$，$\hat{\beta}$ を**最小二乗推定量**という．図 10.1 の医療保険データの場合で計算すると，$\hat{\alpha} = 11\,970.6, \hat{\beta} = 252.4$ となる．したがって，

*2　method of
least squares

$$医療費請求額 = 11\,970.6 + 252.4 \times 年齢 \tag{10.3}$$

という医療費請求額の予測式を得る（図 10.1 の右上がりの直線）．この直線を最小二乗直線と呼ぶ．式 (10.3) より，年齢が 1 だけ上がるにつれて，約 252.4 ドルの医療費が多く請求されることが予測

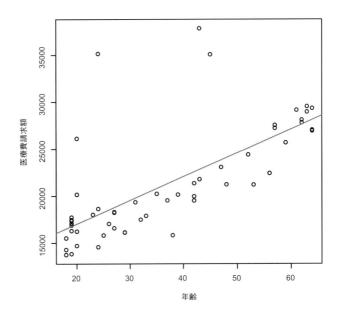

図 10.1　BMI が 30 以下で子供がいない喫煙者の医療費請求額と年齢の散布図．直線は年齢 x が説明変数（特徴量）で医療費請求額 y が目的変数のときの最小二乗直線 $y = 11970.6 + 252.4x$ である．

される．また，BMI が 30 以下で子供がいない 55 歳の喫煙者の医療費の予測請求額は

$$医療費予測請求額 = 11\,970.6 + 252.4 \times 55 = 25\,852.6 \quad (10.4)$$

となる．一般に，$\hat{y}_i = \hat{\alpha} + \hat{\beta}x_i$ を**予測値**という．予測値は，例えば，保険商品を設計する際に，より適切な契約査定や価格設定を行うための顧客のリスク評価の参考となる．

　機械学習の分野では，式 (10.1) の右辺の変数 x_i を，**入力変数**，**予測変数**，**独立変数**，**説明変数**，**特徴量**などと呼ぶ．一方，左辺の変数 y_i を，**出力変数**，**応答変数**，**従属変数**，**目的変数**などと呼ぶ．多彩な呼び方は特に初学者に負担となるが，機械学習が使われる文脈に応じて適切に選べば便利な側面もある．例えば，機械学習のアルゴリズム的な側面を強く意識するときには，x_i を入力変数と呼び，y_i を出力変数と呼ぶのがわかりやすい．また，予測が主な

目的であれば，x_i を予測変数あるいは説明変数，y_i を目的変数と呼ぶ習慣がある．画像データなどの場合には，x_i を特徴量と呼ぶことが多い．

■ 10.2　回帰分析

　機械学習の問題は多岐にわたるが，前節で扱った年齢から医療費請求額を予測する問題は，ビジネスの現場で最も多用される**回帰分析**の例である．ただし，前節では医療費請求額と年齢の関係のみに着目したが，実際には複数の説明変数が予測に関わっていると考えられる（同様に，ビジネス上の課題でも往々にして複数の説明変数が関わる）．図 10.2 では，前節と同じ医療保険データを用いて，BMI が 30 以下で子供がいない喫煙者の医療費請求額 y（単位はドル）と年齢 x_1，BMI x_2 の関係を散布図で示したものである．図 10.2 から年齢が高いほど，また BMI が高いほど，より多くの医療費を請求している傾向が読み取れる．

　変数が増えても，予測の考え方は変わらない．年齢と BMI の双方を考慮して最小二乗法を適用すると，

$$医療費請求額 = -956.7 + 251.2 \times 年齢 + 505.2 \times \mathrm{BMI} \quad (10.5)$$

という予測式を得る（図 10.2 の破線で描かれた平面）．

　式 (10.5) を得るための実際の計算は，次のように R の標準的関数 lm() を用いればよい．

リスト 10.1　R による線形モデルの適用

```
1: insur <- read.csv("insurance.csv", header=T)
2: data <- insur[insur$bmi<30 & insur$children==0 &
3:   insur$smoker=="yes", ]
4: lm(charges ~ age+bmi, data)
```

　式 (10.5) より，BMI が同じ場合，年齢が 1 だけ上がると，約 251.2 ドルだけ医療費が多く請求されると予測される．同様に，同年齢の場合，BMI が 1 だけ増えると，約 505.2 ドルだけ医療費が多く請求されると予測される．

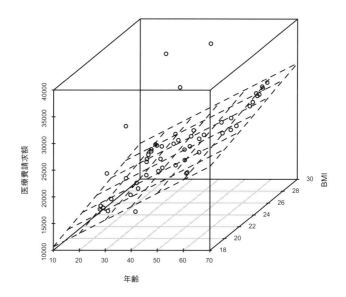

図 10.2　BMI が 30 以下で子供がいない喫煙者の医療費請求額と年齢，BMI の散布図．破線で描かれた平面は年齢 x_1 と BMI x_2 を説明変数（特徴量），医療費請求額 y を目的変数として最小二乗法により求めた予測平面 $y = -956.7 + 251.2x_1 + 505.2x_2$ である．

式 (10.3) より推測される年齢の効果が 252.4，BMI を固定したときに式 (10.5) より推測される年齢の効果の 251.2 と大きな差がないことから，年齢がより重要な説明変数であると考えられる．しかし，予測の性能については BMI をとり入れた式 (10.5) のほうがより優れている*1.

*1　回帰モデルの比較の詳細は第 11 章を参照．

さて，回帰分析が応用される場面において，通常は多くの種類の説明変数を考える必要がある．このとき，説明変数を長さ p のベクトル*2 $\boldsymbol{x} = (x_1, \ldots, x_p)^\top$ で表現できる．目的変数を y とすると，回帰分析の目的は，

*2　以下，記号 ⊤ は転置を表す．

$$y_i = f(\boldsymbol{x}_i) + \epsilon_i \quad (i = 1, \ldots, n) \tag{10.6}$$

における未知の関数 $f(\cdot)$ を推定することである．ここで，ϵ_i は期待値が 0 の誤差項である．$\boldsymbol{\beta} = (\beta_1, \ldots, \beta_p)^\top$ として，$f(\boldsymbol{x}) = \alpha + \boldsymbol{\beta}^\top \boldsymbol{x}$ のとき，式 (10.6) は線形回帰*3 の問題に，それ以外の場

*3　予測式が説明変数の線形関数であるもの．

*1　予測式が説明
変数の非線形関数で
あるもの.

合は非線形回帰*1 の問題に分類される.

線形回帰モデルは一般的に

$$y_i = \alpha + \beta_1 x_{i1} + \cdots + \beta_p x_{ip} + \epsilon_i \tag{10.7}$$

と表現できる. $\alpha, \beta_1, \ldots, \beta_p$ は未知の実数で, 回帰パラメータと呼

*2　回帰分析で
は回帰パラメータ
の推定が目的とな
るが, 分析者の関
心は通常, 説明変
数の影響を表す係
数 $\beta_1, \ldots, \beta_p$ に
ある.

ぶ*2. 未知のパラメータの推定値である $\hat{\alpha}, \hat{\beta}_1, \ldots, \hat{\beta}_p$ を, 次の二
乗損失関数

$$L(\alpha, \boldsymbol{\beta}) = \sum_{i=1}^{n} \{y_i - (\alpha + \boldsymbol{\beta}^\top \boldsymbol{x}_i)\}^2 \tag{10.8}$$

を最小にすることによって求めるのが一般的である. 説明変数が
一つの場合と同様, この方法を最小二乗法と呼び, 得られた推定量
$\hat{\alpha}, \hat{\beta}_1, \ldots, \hat{\beta}_p$ を最小二乗推定量と呼ぶ. 推定量の精度は, 仮定した
モデル, 誤差の大きさ, 推定の方法などに依存する.

線形回帰モデル (10.7) は, 最も単純なモデルであり, 解釈しやす
いというメリットがある. 一方, 単純な線形性の仮定が非現実的で
ある場合も多く, 予測性能を向上させるために, データの変換や非
線形モデルの検討など, さまざまな工夫が求められる. 非線形モデ
ルは多種多様であるが, 最もよく使われるのが, $f(\boldsymbol{x})$ が $\boldsymbol{x}$ の各成
分の多項式で表される多項式モデルである.

多項式モデルを採用するときには, 多項式の次数を決める必要が
ある. これは変数選択の問題でもあり, **交差検証法**で行うことが可

*3　交差検証法の
考え方やアルゴリズ
ムについては 11.2
節を参照.

能である*3. 多項式モデルは線形モデルに比べてデータのわずか
な変動に対し敏感に反応する特徴がある. 図 10.3 では, 線形モデ
ルによる年齢 x に基づく医療費請求額 y の予測式

$$y = 11\,970.6 + 252.4x$$

と 5 次の多項式モデル

$$y = \alpha + \beta_1 x + \beta_2 x^2 + \beta_3 x^3 + \beta_4 x^4 + \beta_5 x^5 + \epsilon$$

から得られた予測式

$$y = -322\,800 + 50\,010x - 2.797x^2 + 74.5x^3 - 0.95x^4 + 0.005x^5$$

を比較している．直線に比べて多項式がデータの局所的な変化に敏感に反応していることがわかる．モデルが学習に使用されたデータに過度に反応するときは，未知のデータに適用する際に性能が落ちることが一般的である．この現象を過学習という．過学習を防止する意味でも，モデルの選択や比較が重要である*1．

*1 詳細は第11章を参照.

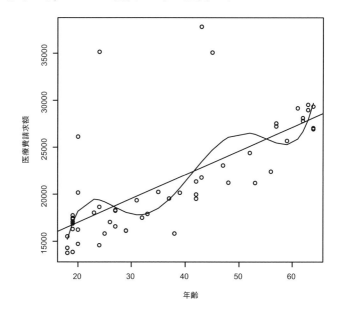

図 10.3　図 10.1 と同じ散布図と直線に曲線を重ねたもの．曲線は多項式モデルによる結果 $y = -322\,800 + 50\,010x - 2.797x^2 + 74.5x^3 - 0.95x^4 + 0.005x^5$ を表す．多項式モデルによる過学習が懸念される．

10.3　クラスタリング

前節までの医療保険データのように，多くの場合データは $(\boldsymbol{x}_i, y_i)$ の形をとり，関係 $y = f(\boldsymbol{x})$ の推定のため，$\boldsymbol{x}$ を多項式のように低次元のパラメータを用いて定式化し，損失関数 $\sum_i (y_i - f(\boldsymbol{x}_i))^2$ の最小化を行う．この場合，説明変数 $\boldsymbol{x}_i$ に対応する目的変数 y_i を正

＊1　10.4節 や 第12章で扱う分類の問題では，ラベル y_i は i 番目の標本が属するカテゴリである．

解あるいは**ラベル**と呼ぶ[＊1]．正解がある場合，$(\boldsymbol{x}_i, y_i)$ をラベル付きデータ，あるいは**教師ありデータ**と呼ぶ．教師ありデータは回帰分析の枠組みで整理することができる．

　一方，いくつかの異なる属性をもつ個体から得られたデータを分類する問題も重要である．例えば，健康診断で発見した大腸ポリープの幾何学的形状に関する測定値 $\boldsymbol{x}_i$ から，ポリープが良性か悪性を判断する問題は，**分類**あるいは**クラスタリング**の問題である．このときの $\boldsymbol{x}_i$ を，**教師なしデータ**と呼ぶ．

　教師なしデータに対しては，クラスタリングを行い，データ内の同じ属性をもつサブグループを見つけることが，要求されるタスクの典型である．データのグループ化は，通常，観測値 $\boldsymbol{x}_i$ の間の「統計的に意味をもつ距離」に基づいて行われる．点 $\boldsymbol{x}_i = (x_{i1}, \ldots, x_{ip})^{\top}$ と点 $\boldsymbol{x}_j = (x_{j1}, \ldots, x_{jp})^{\top}$ の最も単純な距離はユークリッド距離で，次式で計算される．

$$d_{ij} = \sqrt{(\boldsymbol{x}_i - \boldsymbol{x}_j)^{\top}(\boldsymbol{x}_i - \boldsymbol{x}_j)} = \sqrt{\sum_{k=1}^{p}(x_{ik} - x_{jk})^2} \quad (10.9)$$

実際のクラスタリングでは，$\boldsymbol{x}_i$ の分散共分散行列 $\boldsymbol{S}$ を考慮したマハラノビス距離

$$d_{Mij} = \sqrt{(\boldsymbol{x}_i - \boldsymbol{x}_j)^{\top}\boldsymbol{S}^{-1}(\boldsymbol{x}_i - \boldsymbol{x}_j)} \quad (10.10)$$

が最もよく使われる．ただし，$\boldsymbol{S}^{-1}$ は $\boldsymbol{S}$ の逆行列を表す．

　クラスタリングで最もよく使われる手法は，***k*平均法**あるいは***k*平均クラスタリング法**[＊2] と呼ばれるものである．k 平均法では，あらかじめ自然数 k を与え，ランダムにつくられた k 個のサブグループの中心の初期値を計算した後，すべてのデータからサブグループの中心までの距離を計算し，距離の最も小さい中心が所属するサブグループにデータを分類する．この手順をサブグループの中心が安定するまで繰り返す．

＊2　k-means clustering

▌1.　クラスタリングの基本的考え方

　base R に付随するデータセット iris を用いて，k 平均法を具体的に見ていく．

iris は，教師なし学習の方法を解説する際に最もよく使われる
データセットの一つである．このデータを用いた分類の研究は，
フィッシャー[*1] の古典的線形判別分析の論文に遡る．iris には，
3 種類のアヤメ setosa, versicolor, virginica の，がく片[*2] の長さ
（単位は cm），がく片の幅（単位は cm），花弁[*3] の長さ（単位は
cm），花弁の幅（単位は cm）の測定値が含まれている．各種の標
本の大きさは 50 である．1 種類のアヤメは他の 2 種類から線形分
離可能であるが，後者の 2 種類は線形分離不可能という点が特徴的
である（図 10.4）．iris は，アヤメの種類の情報もあるラベル付き
のデータであるが，以下の k 平均法の説明ではラベルを無視し教師
なしデータとして用いる．また，データの視覚化を考慮し，がく片
と花弁の長さのみを用いることにする．

手順は次のとおりである．

*1 Sir Ronald Aylmer Fisher

*2 sepal

*3 petal

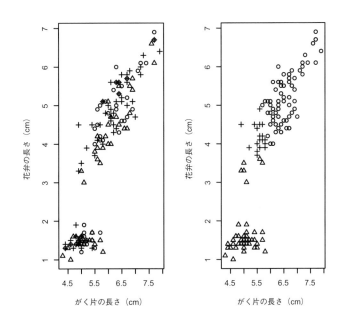

図 10.4　iris に対して，$k = 3$ の場合の k 平均法を適用したもの．左は，ど
のアヤメも $1/3$ の確率でランダムに一つの種類に配属させた結果．
右は，左の図に基づいて同じクラスに分類された標本の中心を計算
し，中心に最も近い点をそのクラスに再配属させた結果．

クラス数の指定：あらかじめクラス数を $k = 3$ と指定する.

ランダムな初期配属：すべての標本を $1/k = 1/3$ の確率で一つの
クラスにランダムに配属させる（図 10.4 の左）.

クラスの中心の計算：各クラスに属する標本の中心 $\bar{x}$ を計算する.

標本点の再配属：すべての標本から各クラスの中心までの距離を計
算し，中心に最も近い点をそのクラスに配属し直す.

安定するまで繰り返す：クラスの中心が安定するまで上の計算を繰
り返す.

▌2.　クラスタリングの実装

上述のように，k 平均法によるクラスタリングの結果は初期のラ
ンダムな配属に依存する. この問題を解消するための工夫として，
k 平均法を行うときに，クラスター内平方和

$$M = \sqrt{\sum_{c=1}^{k} \sum_{i=1}^{n_c} \{(x_{i1}^c - \bar{x}_1^c)^2 + \cdots + (x_{ip}^c - \bar{x}_p^c)^2\}} \quad (10.11)$$

を計算する. ただし，$(x_{i1}^c, \ldots, x_{ip}^c)$ はクラス c の標本であり，
$(\bar{x}_1^c, \ldots, \bar{x}_p^c)$ はクラス c の中心である. k 平均法を一定の回数だけ
繰り返し，各回で得られたクラスター内平方和 M を比較し，M
が最も小さいときの分類結果を採用することが標準的である. 実
際の計算においては，次のように R に標準で搭載されている関数
kmeans()[*1] を用いればよい. ここでは，$k = 3$ で，k 平均法によ
るクラスタリングを 10 回行い，クラスター内平方和が最も小さく
なったときの結果を計算している. 得られた結果を図 10.5 に示す.

*1　kmeans() は
既定では 9) の方法
を用いている. この
方法は本文の説明と
若干異なる.

リスト 10.2　iris に対して k 平均法を適用

```
1: set.seed(314)
2: ind <- grep("Length", names(iris))
3: clus <- kmeans(x=iris[, ind], centers=3, nstart=10)
4: plot(iris[, ind], pch=clus$cluster)
```

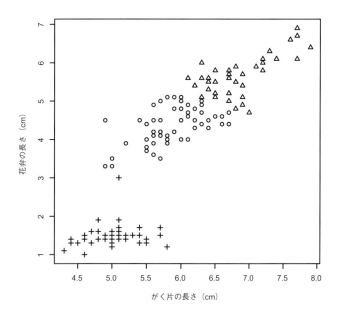

図 10.5 iris に対して，$k = 3$ とし，k 平均法によるクラスタ
リングを 10 回行い，クラスター内平方和が最も小さ
くなったときの結果

▌3. クラスター数が未知のとき

iris の場合，クラス数 $(k = 3)$ はあらかじめ与えていた．しか
し，実際のデータ解析ではクラスター数についてあらかじめ知り得
ない場合が多い．クラスター数自体を決定することも場合によって
は重要である．そのような場合は，次のようにしてクラスター数を
探索する．

k を変化させる：$k = 1, 2, \ldots$ に対して，k 平均法を行う．

精度の計算：式 (10.11) に基づいて各クラスター内平方和 $M(k)$ を
求める．

最適結果の決定：クラスター内平方和曲線 $M(k)$ は k の関数とし
て通常は肘の形をなし，この肘型曲線の屈曲点となる k を最適ク
ラスター数とする．

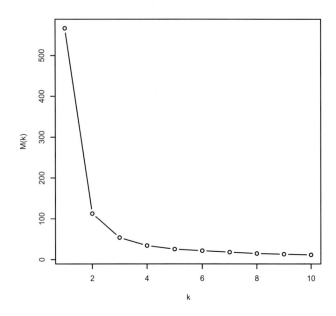

図 10.6　iris を用い，それぞれの k に対して，k 平均法によるクラスタリングを 100 回繰り返し行った結果．横軸は k，縦軸はクラスター内平方和である．$k = 3$ が肘型曲線の屈曲点となっている．

　図 10.6 は，iris を用い，$k = 1, 2, \ldots, 10$ のそれぞれに対して，k 平均法によるクラスタリングを 100 回繰り返した結果得られたクラスター内平方和曲線 $M(k)$ である．$k = 3$ が肘型曲線の屈曲点となっていることを確認できる．

■ 10.4　分　類

　教師あり学習の問題は回帰の問題と**分類**の問題に大別できる．ラベル付きデータ $(\boldsymbol{x}, y)$ における目的変数 y が実測値の場合，$\boldsymbol{x}$ から y を予測する問題を回帰分析で定式化できる．一方，ラベル y がカテゴリを示す場合，$\boldsymbol{x}$ から y を予測する問題は分類の問題として捉えられる．分類の問題も回帰の問題と同様に重要である．ラベルが

2 種類のときは二項分類ともいう．例えば，健康データから病気か
そうでないか，人事データから離職するかどうかの判定を行う問題
は典型的な二項分類の問題である．また，3 種類以上のラベルがあ
るときの分類の問題を多項分類という．iris は 3 種類のアヤメに
関する測定データで，このデータに基づくアヤメの品種の判別問題
は三項分類の問題である．

　ここで，iris に基づくアヤメの分類を例に，単純で強力な分類ア
ルゴリズムである **k-NN 法**[*1] の概要を解説する．ところで，デー
タが正規分布などの確率分布に従うと仮定して分析を行う手法をパ
ラメトリック法といい，正規分布などの確率分布はパラメトリック
モデルという．一方，データに明示的な確率構造を入れない分析手
法をノンパラメトリック法という．k-NN 法はノンパラメトリック
な方法であり，その概要は以下のとおりである．

*1 k-nearest neighbor method; k 近傍法

k の決定：あらかじめ自然数 k を決める．
距離の計算：分類すべき標本と他のすべての標本の距離を計算
　する．
近傍の決定：距離が最も小さい k 個の標本（k 近傍）を特定する．
ラベルの予測：k 近傍に含まれる標本のラベルを調べ，最も割合の
　高いラベルを分類すべき標本のラベルとする．

　R のパッケージ class の関数 knn() を使えば，k-NN 法を簡単
に実行できる．以下では，R のコードを示しながら，k-NN 法の適
用の詳細を見てみよう．

データのシャッフル：データをランダムにシャッフルする．

リスト 10.3　データをランダムにシャッフル

```
1: set.seed(314)
2: data <- iris[sample(150, 150, replace=FALSE),]
```

訓練データとテストデータの作成：シャッフルされたデータの 2/3
　を訓練データとし，残りの 1/3 をテストデータとする．

リスト 10.4　訓練データとテストデータの作成

```
1: train <- data[1:100, -5] #訓練データ
2: test <- data[-(1:100), -5]#テストデータ
3: lab.train <- data[1:100, 5] #訓練データラベル
4: lab.test <- data[-(1:100), 5] #テストデータラベル
```

k-NN 法の実行：訓練データを用いてテストデータを分類する.

リスト 10.5　関数 knn() による k-NN 法の適用

```
1: library("class")
2: result <- knn(train, test, lab.train, k=3)
```

分類精度の確認：分類の結果および精度の確認を行う（表 10.1）.

リスト 10.6　分類の精度の確認

```
1: table(result, lab.test) #テストデータの分類の正誤
2: mean(result==lab.test) #全体の正答率
```

　表 10.1 を確認すると, 16 株の setosa はすべて正しく分類され, 22 株の versicolor はうち 2 株が間違って virginica に分類され, 12 株の virginica はすべて正しく分類されている. 合計 50 個のテストデータに対して 2 回間違って判別したので, 全体の精度は $1 - (2/50) = 96\%$ となる. k-NN 法は極めてシンプルなアルゴリズムであるが, 驚くべき高い判別性能をもつことがわかるだろう.

表 10.1　iris における k-NN 法の精度

	setosa	versicolor	virginica
setosa	16	0	0
versicolor	0	20	0
virginica	0	2	12

　k-NN 法においては, k の選択が重要な問題となる. そこで, 全体の誤判別率が最も小さくなる k を探索することが考えられる. iris の場合, $k = 10$ とすると, 分類の精度が 98% まで上昇ことを確認できる.

演習問題

問1　n 人の患者がそれぞれ別の病院で血糖値の検査を行ったところ，$y_1, \ldots, y_n$ という値が得られたとする．以下の問いに答えよ．

(a) 血糖値の測定値 $y_1, \ldots, y_n$ にバラツキがあるとき，このバラツキが生じる理由として考えられるものを三つ挙げよ．また，その中で最も大きな要因を挙げよ．

(b) 血糖値のデータに基づいた解析を行う際，得られた結論に不確実さが生じる理由を三つ挙げよ．

(c) n 人の患者の BMI データを $x_1, \ldots, x_n$ とする．また，$y_i = \alpha + \beta x_i + \epsilon_i \ (i = 1, \ldots, n)$ と仮定する．ただし，α, β は未知の定数で，ϵ_i は互いに独立で同一の分散をもつ正規分布 $N(0, \sigma^2)$ に従うとする．BMI から血糖値を予測する際，この回帰モデルを適用する前に検討すべきことを三つ挙げよ．

問2　パッケージ MASS にあるデータセット Boston を用いて，以下の問いに答えよ．

(1) 1 物件あたりの平均部屋数 rm を用いて，住宅の価格 medv を予測するための線形モデルを適用せよ．調整済み決定係数はいくらか．

(2) 平均部屋数 rm に加えて，土地がチャールズ川沿いかどうか（チャールズ川沿いなら 1，それ以外の場合は 0）のダミー変数 chas も考慮し，再度，住宅の価格 medv を予測するための線形モデルを適用せよ．調整済み決定係数はいくらか．また，決定係数の変化から何がわかるか．

(3) すべての変数を用いて，住宅価格 medv を予測するための線形モデルを適用せよ．調整済み決定係数はいくらか．また，決定係数の変化から何がわかるか．

(4) モデルが複雑であれば一般に当てはめが良くなる．その理由を挙げよ．また，複雑なモデルを使用する際の問題点を述べよ．

問3　パッケージ MASS にあるデータセット Boston を用いて，以下の問いに答えよ．

(1) $y_i \ (i = 1, \ldots, n)$ を測定値とし，$\hat{y}_i$ を y_i の予測値とする．予測の精度を測る標準的指標である，平均二乗誤差

$$\frac{1}{n} \sum_{i=1}^{n} (y - \hat{y}_i)^2$$

を計算するための R の関数を定義せよ.

(2) すべての変数を用いて，住宅の価格 medv を予測するための線形モデルを適用し，得られたモデルに基づいて実際の住宅の価格を予測せよ. また，平均二乗誤差を計算せよ.

(3) Boston の中の 1 番目から 300 番目のデータを取り出して訓練データをつくり，残りをテストデータとせよ.

(4) すべての変数を用いて，訓練データに対して，住宅の価格を予測するための線形モデルを適用せよ. また，得られたモデルに基づいて，それぞれ訓練データとテストデータにおける住宅の価格の予測を行い，それぞれの場合の平均二乗誤差を計算せよ. さらに，汎化誤差を示すテストデータにおける平均二乗誤差が非常に大きい理由を述べよ.

(5) 平均部屋数 rm と，チャールズ川沿いかどうかの変数 chas を用いて，訓練データに対して，住宅の価格を予測するための線形モデルを適用せよ. 得られたモデルをテストデータに適用し，住宅価格の予測を行い，平均二乗誤差（汎化誤差）を計算せよ. すべての変数を使用したモデルよりも，汎化誤差が著しく減少していることが確認できるが，考えられる汎化誤差の減少の理由を述べよ.

第11章

回帰モデル

　広告費と売上に相関関係がある場合，この関係を解明できれ
ば，期待される売上を達成するために投入すべき広告費を見積も
ることができる．また，中古住宅の築年数や面積，駅までの距離
が住宅の価格を決定するうえで重要な要因となることがあり，そ
れらの関係を定量的に解明できれば，住宅の築年数や面積，駅ま
での距離などの因子から住宅の適正な価格を見積もることができ
る．これらの問題は，回帰分析という統一的な枠組である程度
の解答を与えることができる．中古住宅の価格を予測する問題で
は，価格は目的変数であり，住宅の築年数や面積，駅までの距離
などの因子は説明変数である．目的変数が連続的な場合は線形モ
デルを適用できることが多く，本章では線形モデルを主に扱う．
ただし，非線形モデルの代表的な例として，対数線形モデルの基
本的考え方にも触れる．

■ 11.1　ボストン住宅価格データ

　R のパッケージ MASS に，ボストンの住宅価格に関するデータ
セット Boston がある．このデータはさまざまなコンペティション
でもよく使われている．これはボストン郊外の 506 区画における

住宅の価格と，住宅の価格に影響するであろう 13 の変数に関する
データセットである．表 11.1 に，Boston に含まれる最初の 6 行の
データを示す．

表 11.1 ボストン住宅価格データ Boston の最初の 6 行

	crim	zn	indus	chas	nox	rm	age
1	0.01	18.00	2.31	0	0.54	6.58	65.20
2	0.03	0.00	7.07	0	0.47	6.42	78.90
3	0.03	0.00	7.07	0	0.47	7.18	61.10
4	0.03	0.00	2.18	0	0.46	7.00	45.80
5	0.07	0.00	2.18	0	0.46	7.15	54.20
6	0.03	0.00	2.18	0	0.46	6.43	58.70

	dis	rad	tax	ptratio	black	lstat	medv
1	4.09	1	296.00	15.30	396.90	4.98	24.00
2	4.97	2	242.00	17.80	396.90	9.14	21.60
3	4.97	2	242.00	17.80	392.83	4.03	34.70
4	6.06	3	222.00	18.70	394.63	2.94	33.40
5	6.06	3	222.00	18.70	396.90	5.33	36.20
6	6.06	3	222.00	18.70	394.12	5.21	28.70

Boston に含まれる各変数の意味は次のとおりである．

*1 1 フィートは
約 0.3 m である．

- crim：区域ごとの 1 人当たりの犯罪率
- zn：25 000 平方フィート*1 以上の区画に分類される宅地の
  比率
- indus：区域ごとの非小売業用地面積の割合
- chas：土地がチャールズ川沿いかどうかのダミー変数（チャー
  ルズ川沿いなら 1，それ以外なら 0）
- nox：窒素酸化物濃度（千万分率）
- rm：1 戸あたり平均部屋数
- age：1940 年以前の物件で持ち家の比率
- dis：5 つのボストン雇用センターまでの距離の重み付き平均
- rad：放射線状高速道路へのアクセスしやすさの指数
- tax：1 万ドルあたりの全額固定資産税負担率
- ptratio：区域ごとの教員 1 人あたりの生徒数

- black：黒人居住率関連指標（$1\,000(b-0.63)^2$，ただし，b は区域ごとの黒人の比率）
- lstat：社会経済的地位が低い人口の比率（百分率）
- medv：持ち家の価格の中央値（単位は千ドル）

図 11.1 は，チャールズ川沿いかどうかのダミー変数 chas 以外の変数間の相関を示している．この図から，持ち家の価格の中央値 medv は，部屋数 rm の間と強い正の相関，社会経済的地位が低い人口の比率 lstat と強い負の相関があることなどが読み取れる．

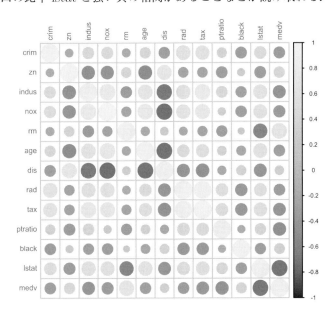

図 11.1　ボストン住宅価格データ Boston の chas 以外の変数間の相関

図 11.2(a) は持ち家の価格の中央値 medv と部屋数 rm との関係を，図 11.2(b) は社会経済的地位が低い人口の比率 lstat との関係を，それぞれ散布図で示したものである．各図に描かれた直線は回帰直線である．

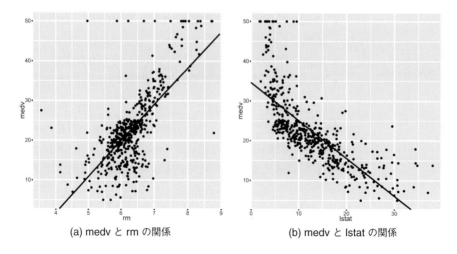

(a) medv と rm の関係　　　　　(b) medv と lstat の関係

図 11.2　散布図と回帰直線

■ 11.2　線形モデル

　以下，データの大きさを n とする．p 個の説明変数を含む $\boldsymbol{x}_i = (1, x_{i1}, \ldots, x_{ip})^\top$ から連続変数 Y_i を予測する問題を考える．ボストン住宅価格データ Boston を用いる場合は，medv 以外の 13 個の変数から住宅の価格を予測する．$p = 13$ であり，Y_i は i 番目の区画における住宅価格の中央値である．Y_i の期待値 $\mathbb{E}(Y_i)$ について，次のように仮定する（本書の $\boldsymbol{\beta}$ は α を成分に含めた）．

$$\mathbb{E}(Y_i) = \boldsymbol{x}_i^\top \boldsymbol{\beta} = \alpha + \sum_{j=1}^{p} x_{ij}\beta_j \tag{11.1}$$

さらに，Y_i が正規分布に従うと仮定すれば，次の線形モデルを得る．

$$Y_i = \boldsymbol{x}_i^\top \boldsymbol{\beta} + \epsilon_i, \quad \epsilon_i \sim N(0, \sigma^2) \tag{11.2}$$

ただし，分散 σ^2 は未知の定数で，誤差 ϵ_i は互いに独立と仮定する．
　なお，正規分布では確率変数は負の値をとり得るが，実際の観測値は正の値を取る場合がほとんどである．正の観測値に対応するためには，ガンマ分布などの確率分布を使用することが考えられる．

ところが，平均が大きくまた分散が小さければ，正規分布をもつ確率変数が負の値をとる確率は 0 に近い．正の観測値に対しても実際のデータ解析で正規分布を多用するのは，この理由による．ただ，健康診断における空腹時血糖値などの場合，正規性の仮定が疑われる場合は，対数変換などを適用した後に，線形モデルを適用するのが普通である．

▎1. 最尤推定量

$y_1, \ldots, y_n$ の同時確率密度関数

$$L(y \mid \boldsymbol{\beta}, \sigma^2) = \prod_{i=1}^{n} f(y_i \mid \boldsymbol{x}_i, \boldsymbol{\beta}, \sigma^2) \tag{11.3}$$

をパラメータ $\boldsymbol{\beta}, \sigma^2$ の関数と見なすとき，$L(y \mid \boldsymbol{\beta}, \sigma^2)$ を尤度関数[*1]といい，$\ell(y \mid \boldsymbol{\beta}, \sigma^2) = \log L$ を対数尤度関数[*2] という．最尤推定量[*3] は，データが与えられたとき，尤度関数の値が最大になるパラメータのことを指す．線形モデル (11.2) の対数尤度関数 $\ell(y \mid \boldsymbol{\beta}, \sigma^2)$ については，

*1 likelihood function

*2 log-likelihood function

*3 maximum likelihood estimator

$$-2\ell(y \mid \boldsymbol{\beta}, \sigma^2) = \frac{1}{\sigma^2} \sum_{i=1}^{n} (y_i - \boldsymbol{x}_i^\top \boldsymbol{\beta})^2 + n \log(2\pi\sigma^2) \tag{11.4}$$

となる．σ^2 を固定したとき，$\boldsymbol{\beta}$ に対する $\ell(y \mid \boldsymbol{\beta}, \sigma^2)$ の最大化は，二乗和

$$\sum_{i=1}^{n} (y_i - \boldsymbol{x}_i^\top \boldsymbol{\beta})^2 \tag{11.5}$$

の最小化と同値である．すなわち，$\boldsymbol{\beta}$ の**最尤推定量**と最小二乗推定量は一致し，推定値 $\widehat{\boldsymbol{\beta}}$ は次のように表される．

$$\widehat{\boldsymbol{\beta}} = (\boldsymbol{x}^\top \boldsymbol{x})^{-1} \boldsymbol{x}^\top \boldsymbol{y} \tag{11.6}$$

ただし，$\boldsymbol{x}$ は各列が $\boldsymbol{x}_i$ からなる行列，$\boldsymbol{y} = (y_1, \ldots, y_n)^\top$ である．

▎2. 変数選択

複数の説明変数が存在する場合，すべての変数をモデルに取り入れても最良の結果をもたらすとは限らない．予測の観点に立ち，最

も良い予測性能を示す説明変数の組合せを探索することが重要である．変数の最適な組合せを探すことを変数選択という．

目的変数の平均 $\bar{y} = \sum_{i=1}^{n} y_i/n$ で y_i を予測したときの予測誤差の合計を，全平方和[*1]

$$\mathrm{SST} = \sum_{i=1}^{n} (y_i - \bar{y})^2 \tag{11.7}$$

＊1　total sum of squares

で測ることができる．全平方和はデータのバラツキとして理解することもできる．また，回帰分析による y_i の予測値を $\hat{y}_i = \boldsymbol{x}_i^\top \widehat{\boldsymbol{\beta}}$ とすると，予測誤差の合計は残差平方和[*2]

＊2　residual sum of squares

$$\mathrm{SSE} = \sum_{i=1}^{n} (y_i - \hat{y}_i)^2 \tag{11.8}$$

という形で表される．一般に，SSE の小さいモデルが，良いモデルである．さらに，回帰平方和[*3]

＊3　regression sum of squares

$$\mathrm{SSR} = \sum_{i=1}^{n} (\bar{y} - \hat{y}_i)^2 \tag{11.9}$$

を用いると，SST ＝ SSR ＋ SSE が成立する．回帰モデルの予測性能を検査する最も一般的な方法は，データの全変動を表す全平方和 SST に対して，残差平方和 SSE が相対的にどれほど小さくなったかを見るというものである．あるいは，回帰平方和 SSR が相対的にどの程度増大したかを見ることもある．

＊4　coefficient of determination

ここで，**決定係数**[*4] を

＊5　residual analysis
予測値と実測値の差である残差 $y_i - \hat{y}_i$ は，モデルで説明されていない部分を表している．残差によるモデルの妥当性の分析を残差分析と呼ぶ．また，モデル選択の基準である R^2 は残差の性質に基づいて導かれる．

$$R^2 = 1 - \frac{\mathrm{SSE}}{\mathrm{SST}} = \frac{\mathrm{SSR}}{\mathrm{SST}} \tag{11.10}$$

と定義すると，$0 < R^2 < 1$ となり，R^2 が大きいほど良いモデルである．したがって，R^2 はモデル（変数）選択の基準として使用できる．R^2 に基づくモデル選択は残差分析[*5] に基づいているため，正規分布などのパラメトリックな仮定は明示的に使用していない．一方，Y_i の分布を明確に仮定している場合，真の分布を予測する観点から，**赤池情報量規準**[*6]

＊6　Akaike information criterion; AIC

$$\mathrm{AIC} = -2 \log L(\boldsymbol{y} \mid \widehat{\boldsymbol{\beta}}, \hat{\sigma}^2) + 2p \tag{11.11}$$

もよく使用される．AIC は，仮定した確率分布（モデル）と真の確率分布との乖離の度合いを示すカルバック・ライブラー情報量の推定量として導かれたものである．AIC 最小モデルは，真の確率分布との乖離の度合いが最も小さいという意味で最良のモデルといえる．Y_i が独立で正規分布の場合，

$$\mathrm{AIC} = n \log \frac{\mathrm{SSE}}{n} + 2p \tag{11.12}$$

*1 n が小さいとき，AIC に修正項 $\dfrac{2p(p+1)}{n-p-1}$ を加えることが推奨されている．

と計算できる*1．

▌ 3. k-分割交差検証法

決定係数 R^2 と赤池情報量規準 AIC に基づいて，与えられたデータに対して最適なモデルを決めることができる．このように選ばれた最適モデルが未知のデータに対しての予測性能を平均二乗誤差*2

*2 mean squared errors; MSE

$$\mathrm{MSE} = \frac{1}{n} \sum_{i=1}^{n} (y_i - \hat{y}_i)^2 \tag{11.13}$$

で評価し，複数の候補から最終的なモデルを決定することができる．与えられたデータを訓練データとテストデータに分割し，訓練データに基づいて構築された予測モデルを，テストデータに適用して MSE を計算すればよい．しかし，このように計算された MSE はテストデータの選び方に大きく依存する．未知の状況に繰り返し適用して予測モデルの性能を測れば，MSE の平均を計算することができ，モデルの予測性能を推定することができる．この方法が **k-分割交差検証法**[*3] である．その詳細は以下のとおりである．

*3 k-Fold Cross-Validation

データの分割：データセット $\mathcal{D}$ をランダムに同じ大きさの k 個の群に分割する（$\mathcal{D} = \mathcal{D}_1 \cup \mathcal{D}_2 \cup \cdots \cup \mathcal{D}_k$）．

MSE_j の計算：第 j 群（$j = 1, 2, \ldots, k$）のデータ $\mathcal{D}_j$ をテストデータとし，$\mathcal{D}_j$ を除いたデータ $\mathcal{D} \setminus \mathcal{D}_j$ を訓練データとして，予測モデルを構築する．そのうえで，$\mathcal{D}_j$ における MSE_j を計算する．

計算の繰り返し：上述の計算を $j = 1, 2, \ldots, k$ に対して繰り返す.

MSE の平均：全体の MSE を $\mathrm{MSE} = k^{-1} \sum_{j=1}^{k} \mathrm{MSE}_j$ とする.

k が大きければ，テスト MSE の偏りは小さくなるが分散は大きくなることが知られている. $k = 5$ ないし 10 程度であれば，過度な偏りと分散の増大を回避できることが経験的に知られている[26].

■ 11.3　ボストン住宅価格の予測

次のコードの 1 行目は，住宅価格 medv を目的変数 y，他のすべての変数を説明変数 x として線形モデルを適用している. コードの 2 行目は，モデル lm.fit.all から徐々に説明変数を減らして，AIC が最も小さいモデルを探索する. すべての変数を含むモデル lm.fit と最適モデル lm.fit.opt による分析の概要を表 11.2 にまとめた[*1]. AIC 最小のモデルでは有意でない変数 indus と age が取り除かれている.

*1　表11.2は
ハーバード大学の
Marek Hlavac 氏
によるパッケージ
stargazer を利用
して LaTeX で制作
した.

リスト 11.1　線形モデルの適用と最適モデルの探索

```
1: require(MASS)
2: lm.fit <- lm(medv ~ . , data=Boston)
3: lm.fit.opt <- step(lm.fit)
```

表 11.2 の各共変量に対応する数値は最小二乗推定の値で，括弧付き数値は推定量の標準偏差の推定値を示している. chas（チャールズ川沿いか）と rm（部屋数）が住宅の価格を上げる主な要因であるのに対して，環境を示す nox（窒素酸化物濃度）が反対に住宅の価格を有意に下げる要因となっている. 一方，築年数が経っていても，価格の変化はほとんどない. Residual Std. Error は残差の標準偏差の値 $\hat{\sigma}$ で，df は自由度（標本数とパラメータ数の差）である. R^2 は決定係数で，データの変動のうちモデルで説明される割合を示し，モデルの当てはめの良さを示す指標である. R^2 をパラメータ数で調整したのが Adjusted R^2（調整済み決定係数）で，モデルが複雑であれば調整の幅が大きい. F-statistic は切片以外のパラメータがすべて 0 である帰無仮説を検定するときの F 統計量[*2]

*2　F 統計量は，
単に切片のみをもつ
モデルと比較して，
回帰モデルによって
説明される分散の
割合として定義さ
れる.

表 11.2　ボストン住宅価格データ Boston を用いた線形回帰分析の結果．(1) はすべての変数を含むモデル，(2) は AIC 最小のモデル．

	目的変数: medv（住宅価格）	
	(1)	(2)
crim	−0.108***	−0.108***
	(0.033)	(0.033)
zn	0.046***	0.046***
	(0.014)	(0.014)
indus	0.021	
	(0.061)	
chas	2.687***	2.719***
	(0.862)	(0.854)
nox	−17.767***	−17.376***
	(3.820)	(3.535)
rm	3.810***	3.802***
	(0.418)	(0.406)
age	0.001	
	(0.013)	
dis	−1.476***	−1.493***
	(0.199)	(0.186)
rad	0.306***	0.300***
	(0.066)	(0.063)
tax	−0.012***	−0.012***
	(0.004)	(0.003)
ptratio	−0.953***	−0.947***
	(0.131)	(0.129)
black	0.009***	0.009***
	(0.003)	(0.003)
lstat	−0.525***	−0.523***
	(0.051)	(0.047)
Constant	36.459***	36.341***
	(5.103)	(5.067)
Observations	506	506
R^2	0.741	0.741
Adjusted R^2	0.734	0.735
Residual Std. Error	4.745 (df = 492)	4.736 (df = 494)
F-Statistic	108.077*** (df = 13; 492)	128.206*** (df = 11; 494)

***$p < 0.01$

　の値で，p 値（表 11.2 の p）が小さければ帰無仮説を棄却する.

　さて，$k = 5$ として，次のようにして，k-分割交差検証法で全共変量を用いた線形モデルの予測性能を計算してみよう.

リスト 11.2　5-分割交差検証法

```
1: library(caret)
2: set.seed(314)
3: ctrl <- trainControl(method="cv", number=5)
4: model <- train(medv ~., data=Boston, method="lm",
5:   trControl=ctrl)
6: print(model)
```

　この場合，訓練に使われる標本のサイズはそれぞれ，404，405，406，404，405 となっている. 表 11.3 は，R で model\$ resample と入力して出力された各サブサンプルにおける予測性能を示している. これらの予測指標の平均を，R で print(model) と入力して確認すると，平均二乗誤差の平方根の平均（RMSE）は 4.783，R^2 の平均（Rsquared）は 0.732，平均絶対誤差[*1]（MAE）は 3.364 とそれぞれなっている.

*1　平均絶対誤差（mean absolute error; MAE）は，各観測値の予測誤差の絶対値の平均で，
$$\frac{1}{n} \sum_{i=1}^{n} \frac{|y_i - \hat{y}_i|}{n}$$
で計算される.

表 11.3　5-分割交差検証法による各サブサンプルにおける予測性能

	RMSE	Rsquared	MAE	Resample
1	5.76	0.71	4.00	Fold1
2	4.35	0.74	3.04	Fold2
3	5.03	0.70	3.50	Fold3
4	5.00	0.67	3.33	Fold4
5	3.79	0.84	2.95	Fold5

　一方，indus と age を取り除いた AIC 最小モデルに対して，同様に 5-分割交差検証法を適用すると，平均二乗誤差の平方根の平均（RMSE）は 4.760，R^2 の平均（Rsquared）は 0.735，平均絶対誤差（MAE）は 3.354 となっていて，いずれの指標も全共変量を用いたモデルよりわずかに改善していることがわかる.

■ 11.4 回帰診断

*1 ho-
moscedasticity

　線形モデルによる解析結果の妥当性は，データの独立性，誤差の正規性，分散の均一性*1 などの仮定に基づいている．はずれ値の有無の検証も重要である．これらの仮定の検証は回帰診断と呼ばれ，診断図を用いて視覚的に行うことが効果的である．AIC 最小モデル lm.fit.opt には回帰診断を行うための情報がすべて含まれていて，これを図示するためには以下を実行すればよい．合計 4 種類の図が得られ，それらを図 11.3 に示す．

リスト 11.3　回帰診断診断図の出力

```
1: plot(lm.fit.opt)
```

各図の説明は次のとおりである．
(a)　残差対予測値プロット
　データの独立性と分散の均一性のもと，残差と予測値は理論上無相関であるため，残差と予測値の散布図から何らかのパターンが見られた場合は，データの独立性や分散の均一性の仮定が疑われる．図 11.3(a) では若干のパターンが見られ，モデルを改善する余地が示唆される．
(b)　Q-Q プロット
　これは正規分布の仮定を検査するためのプロットである．正規分布の仮定が妥当であれば，縦軸の標準化された残差の順序統計量の値と，横軸の理論分布（標準正規分布）の対応する分位数が一致し，グラフは原点を通る傾き 45° の直線となる．この図でははずれ値の番号も表示されている．
(c)　標準化残差対予測値プロット
　この図の横軸は予測値，縦軸は標準化した残差の絶対値の平方根を表しており，分散の均一性の検査に有用な図である．分散が均一であれば，残差のバラツキは予測値の影響を受けず一定であるため，何らかの傾向が見られれば，分散の不均一性が疑われる．図 11.3(c) では小さい予測値と大きい予測値における分散が若干大きくなっている．

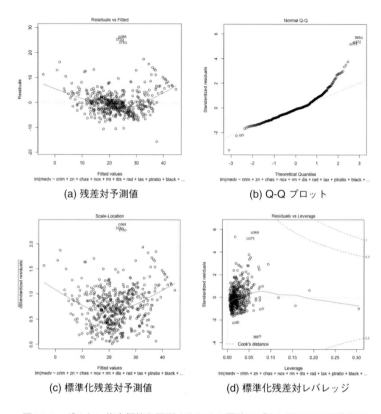

(a) 残差対予測値　　　　　　　　(b) Q-Q プロット

(c) 標準化残差対予測値　　　　　(d) 標準化残差対レバレッジ

図 11.3　ボストン住宅価格を予測するための最適モデルに関する回帰診断図

(d)　標準化残差対レバレッジプロット

線形モデルの適用で得られた予測式はデータの中心 $(\bar{x}, \bar{y})$ を通る超平面である．この超平面をてこ*1 と思うと，データはこのてこを自分側に引き寄せようとする．てこを引き寄せる力の大きさをてこ比またはレバレッジ*2 といい，データの解析に与える影響度を測るものである．標準化残差対レバレッジプロットはデータの影響度を観察するためのグラフである．レバレッジの大きいデータでは，予測値 $\hat{y}_i$ と観測値 y_i の差が見かけ上小さい点に注意する必要がある．

j 番目以外のデータから同じモデルを当てはめたとき，得られた

*1　lever

*2　leverage

予測値ベクトル $\hat{\boldsymbol{y}}_{j'}$ と全データに基づく予測値ベクトル $\hat{\boldsymbol{y}}$ とのずれが, j 番目の観測値の影響の度合いとして定義できる. このずれは, クックの距離[*1]

*1 Cook's distances

$$D_j = \frac{(\hat{\boldsymbol{y}} - \hat{\boldsymbol{y}}_{j'})^{\top}(\hat{\boldsymbol{y}} - \hat{\boldsymbol{y}}_{j'})}{(p+1)s^2} \tag{11.14}$$

で定義される. ただし, s^2 は回帰モデルの分散の不偏推定量である. クックの距離が 0.5 を超えるとそのデータは影響が「大きい」とされ, 1 を超えると影響が「特に大きい」とされる.

■ 11.5 非線形モデル

線形モデルは広範な問題に適用できるモデルであるが, 一方, 交通事故の発生件数や顧客のクレーム数, ある工程における異常現象の発生件数などの場合, 目的変数が非負の整数値をとる計数データに対しては, 非線形なモデルを適用する必要がある. 計数データがポアソン分布に従うと仮定できる場合は, 対数線形モデルを用いるのが一般的である. 本節では対数線形モデルの基本的考え方を紹介する.

■ 1. 対数線形モデル

計数データ $Y_1, \ldots, Y_n$ が独立でポアソン分布に従うものとして, 確率関数を

$$\Pr(Y = y) = e^{-\mu_i} \frac{\mu_i^y}{y!} \quad (y = 0, 1, 2, \ldots) \tag{11.15}$$

とする. Y_i の期待値は $\mathbb{E}(Y_i) = \mu_i > 0$ なので,

$$\log(\mu_i) = \boldsymbol{x}_i^{\top}\boldsymbol{\beta} = \alpha + \sum_{k=1}^{p} x_{ik}\beta_k \tag{11.16}$$

と仮定し, 共変量 $\boldsymbol{x}_i = (1, x_{i1}, \ldots, x_{ip})^{\top}$ から Y_i の平均を予測するモデルを対数線形モデル[*2] という. 線形モデル (11.2 節) におい

*2 log-linear model

ては，$\mathbb{E}(Y_i) = \boldsymbol{x}_i^\top \boldsymbol{\beta}$ を仮定した．一方，式 (11.16) では $\mathbb{E}(Y_i) = \mu_i$ の対数を $\boldsymbol{x}_i^\top \boldsymbol{\beta}$ としている．これが対数線形モデルの名前の由来である*1．

*1　一般化線形モデル（generalized linear model）の用語でいえば，対数変換を連結関数，$\boldsymbol{x}_i^\top \boldsymbol{\beta}$ を線形予測子（linear predictor）と呼ぶ．線形モデルと対数線形モデルは一般化線形モデルの特別なケースである．

■ 2.　対数線形モデルの適用例

　カブトガニには，産卵の時期にある雌の周囲に，（卵を受精させた雄とは別の）複数の雄が待ち構えていることがあり，それらの雄を衛星雄カブトガニと呼ぶ．衛星雄カブトガニの数が雌の特徴にどのような影響を受けるかを，対数線形モデルを適用して調べてみよう．用いるデータは，メキシコ湾のある島の 173 匹の雌に関する調査データで，次のサイトから入手できる．

```
https://online.stat.psu.edu/stat504/lesson/9/9.2
```

このデータセットを crab というデータフレームに格納する．最初の 3 行は以下のとおりである（見出しは分析のために後から加える）．

	color	spine	width	weight	satellites
1	2	3	28.3	3.05	8
2	3	3	26.0	2.60	4
3	3	3	25.6	2.15	0

ただし，satellites は関心の対象である衛星雄カブトガニの数で，他はそれぞれ雌カブトガニの色 color（1：中明るい，2：中程度，3：中暗い，4：暗い），脊椎骨の状態 spine（1：2 本とも良好，2：1 本だけ損傷か割れている，3：2 本とも損傷か割れている），甲羅の幅 width（単位は cm）と体重 weight（単位は kg）である．

　R では特別なパッケージをインストールすることなく，対数線形モデルを含む一般化線形モデルを適用できる関数 glm() を備えている．対数線形モデルを適用する際には，次のように引数 family を poisson とすればよい．

リスト 11.4 衛星雄カブトガニのデータに対数線形モデルを適用

```
1: crab <- read.table("crab.txt", header=FALSE, sep="")
2: crab <- crab[,-1]
3: colnames(crab) <- c("color", "spine", "width", "weight",
4:   "satellites")
5: require(xtable)
6: crab.pos <- glm(satellites ~., family="poisson", data=crab)
7: print(xtable(summary(crab.pos), digits=4))
```

得られた結果を summary で出力したものを表 11.4 に示した. 色以外のすべての変数が衛星雄カブトガニの獲得に正の影響を与えていることがわかる. 表 11.4 の最右列 $\Pr(> |z|)$ は, それぞれの回帰係数が有意かどうかを判断するための p 値を示しており, 色 color と体重 weight 以外はいずれも有意ではないことがわかる.

表 11.4 衛星雄カブトガニのデータに対数線形モデルを適用した結果

	Estimate	Std. Error	z value	$\Pr(> |z|)$
(Intercept)	−0.5238	0.9491	−0.55	0.5810
color	−0.1850	0.0665	−2.78	0.0054
spine	0.0401	0.0568	0.71	0.4806
width	0.0273	0.0480	0.57	0.5695
weight	0.4732	0.1649	2.87	0.0041

表 11.4 より, 衛星雄カブトガニの期待値に対する予測式が次のように得られる.

$$\log(\mu) = -0.52 - 0.19\,\mathrm{color}$$
$$+ 0.04\,\mathrm{spine} + 0.03\,\mathrm{width} + 0.47\,\mathrm{weight}$$

この式から, 雌の体重以外の条件が変わらなければ, 体重が $1\,\mathrm{kg}$ だけ増えると $e^{0.47} \approx 1.6$ 匹だけ多く雄を獲得できることがわかる.

3. 負の二項分布モデル

結果が成功と失敗に分かれる試行 (ベルヌーイ試行) を, 事前に決めた成功回数 r を達成するまで独立に繰り返し行うとき, 失敗の総数 X は負の二項分布に従う. ベルヌーイ試行の成功確

率を p とすると，負の二項分布の確率関数は，$\Pr(X = k) = {}_{k+r-1}\mathrm{C}_{r-1}\,p^r(1-p)^r\ (k = 0, 1, \ldots)$ となる．

ところで，衛星雄カブトガニ数の平均と分散を計算してみると，それぞれ 2.92 と 9.92 となる．ポアソン分布の仮定が妥当であれば，平均と分散はおおよそ同じと期待される（7.3 節参照）．モデルの分散が平均を大きく超える現象を，過分散という．過分散現象はポアソン分布を前提とする対数線形モデルの妥当性に疑問を呈するものである．過分散現象に対処するため，次のように負の二項分布モデルを適用することが考えられる．得られた結果が表 11.5 である．通常の対数線形モデルを適用したとき，color と weight は有意な変数であったが，負の二項分布モデルを適用すると weight のみが有意な変数となった（この場合，負の二項分布モデルは対数線形モデルに比べてより適切であるが，その議論は割愛する）．

リスト 11.5　衛星雄カブトガニのデータに負の二項分布モデルを適用

```
1: require(xtable)
2: require(MASS)
3: crab.nb <- glm.nb(satellites ~.,data=crab)
4: print(xtable(summary(crab.nb), digits=4))
```

表 11.5　衛星雄カブトガニのデータに負の二項分布モデルを適用した結果

	Estimate	Std. Error	z value	$\Pr(> \lvert z \rvert)$
(Intercept)	-0.7314	1.9037	-0.38	0.7008
color	-0.1792	0.1290	-1.39	0.1646
spine	0.0163	0.1187	0.14	0.8906
width	0.0210	0.0976	0.21	0.8298
weight	0.6378	0.3544	1.80	0.0719

演習問題

問1　以下の各問題を回帰分析の問題として捉えるとき，考えられる説明変数と目的変数を述べよ．

(a) 加齢と肥満が糖尿病の発症に与える影響を調査したいとき．

(b) 教育と地域の安全との関連を調査したいとき.

(c) 運動や飲酒が生活習慣病を誘発するかを分析したいとき.

(d) 夏における電力の需要を予測したいとき.

(e) レストランに訪れる客の消費金額の分析を行いたいとき.

(f) これまでの感染者数で将来の感染者数を予測したいとき.

(g) 文章を分類したいとき.

(h) スペルチェックのアルゴリズムを構築したいとき.

(i) フェイクニュースを鑑定したいとき.

問 2 $y_i = \alpha + \beta x_i + \epsilon_i \,(i = 1, \ldots, n)$ とし,ϵ_i は互いに独立で正規分布 $N(0, \sigma^2)$ に従うとする.このとき,α と β の最尤推定量と最小二乗推定量が一致する理由を述べよ.また,最尤推定量が一般に最小二乗推定量と一致しない理由を述べよ.

問 3 $y_i = \alpha + \beta x_i + \epsilon_i \,(i = 1, \ldots, n)$ とし,ϵ_i は互いに独立で正規分布 $N(0, \sigma^2)$ に従うとする.$(x_1, y_1), \ldots, (x_n, y_n)$ の相関係数を R とし,α, β の最尤推定量を $\hat{\alpha}, \hat{\beta}$ とする.以下の問いに答えよ.

(1) $\hat{\beta}$ を相関係数 R を含む式で表せ.

(2) y_i の予測値を $\hat{y}_i = \hat{\alpha} + \hat{\beta} x_i$ とする.また,全平方和を $\mathrm{SST} = \sum_{i=1}^{n}(y_i - \bar{y})^2$,残差平方和を $\mathrm{SSE} = \sum_{i=1}^{n}(y_i - \hat{y}_i)^2$,回帰平方和を $\mathrm{SSR} = \sum_{i=1}^{n}(\bar{y} - \hat{y}_i)^2$ とする.以下の式が成り立つことを確認せよ.

    (a) $\mathrm{SST} = \mathrm{SSR} + \mathrm{SSE}$

    (b) $R^2 = \dfrac{\mathrm{SSR}}{\mathrm{SST}}$

問 4 base R には,自動車の速度 speed と停止距離 dist に関するデータ cars が既定で入っている.速度がどのように停止距離に影響を与えるかを分析したい.以下の問いに順番に答えよ.

(1) データの初めの 6 行を表示せよ.

(2) 速度と停止距離の関係を図示し,速度から停止距離を予測するために線形モデルが妥当かどうかを検討せよ.

(3) 速度と距離の箱ひげ図を並べて描け.また,四分位範囲の 1.5 倍の外に位置する点をはずれ値と見なすものとして,はずれ値の有無を調べよ.

(4) パッケージ e1071 を利用し,速度と距離の推定密度関数を描け.また,分布の歪みを示す指標である歪度も横軸に示せ.

(5) 速度と停止距離の相関係数を計算せよ.

(6) 速度で停止距離を予測するための線形モデルを構築せよ.

(7) 線形モデルの当てはめの結果の詳細を出力せよ.

(8) 線形モデルの妥当性を検査するための診断図を描け.

(9) 以下の手順に従って, 回帰分析の結果をできるだけ見栄え良く出力せよ.

  (i) パッケージ `ggplot2` を使い, speed と dist の散布図を描け.

  (ii) 散布図に赤色の回帰直線を追加せよ.

  (iii) パッケージ `ggpubr` を使い, 上記の図に回帰直線の方程式を見やすいところに追加せよ.

  (iv) 上記の図の背景を白色にし, また座標軸に適切な名前を付け, 最後に図にタイトルを付けよ.

第12章

分類

　日常生活やビジネスの現場は分類すべきことがあふれている．天気予報，病気の診断，ニュースや記事の分類，物体・音声・画像の認識，これらはすべて分類の例である．分類の問題は，説明変数（特徴量）を用いて，関心のある対象の属性を推定する問題として定式化できる．分類と類似するものに，クラスタリングがある．クラスタリングの目的は，特徴の似たものどうしをグルーピングすることである．本章では，ビジネスの現場でよく使用される分類の方法について解説する．

■ 12.1　分類の方法と評価指標

■ 1.　分類の方法

　10.3 節で扱ったクラスタリングは教師なし学習であるのに対して，10.4 で簡単に触れた分類は教師あり学習である．分類問題のデータは $(\boldsymbol{x}_1, y_1), (\boldsymbol{x}_2, y_2), \ldots$ のように，特徴量（説明変数）$\boldsymbol{x}_i$ とラベル y_i から構成される．本章では，クラス数が 2 の場合，すなわち二項分類の問題のみを扱う．訓練データの特徴量を用いて，テストデータの個々の標本がどちらのクラスに属するかの判断を行い，分類アルゴリズムの性能を測っていく，というのが二項分類を

行う際の標準的な流れとなる．分類タスクを行う際によく目にする
用語を以下にまとめる．

分類器（classifier）：分類のための統計モデル，あるいはアルゴリ
ズムを指す．分類モデルともいう．

分類モデル（classification model）：主に分類のための統計モデ
ルを指す．分類器とほぼ同じ意味で使われる．

特徴量（feature）：ラベルの分類に寄与する変数．説明変数とも
いう．特徴量の次元は分類器の選択に大きな影響を与える．

二項分類（binary classification）：二つのカテゴリ（クラス）に
おける分類問題．二値分類ともいう．病気の有無の判断は二項分
類の一例である．

多項分類（multi-class classification）：三つ以上のカテゴリに
おける分類問題．多値分類ともいう．株を買うか，売るか，ホー
ルド（保有）するかの判断は，多項分類の一例である．

多ラベル分類（multi-label classification）：二つ以上のカテゴ
リにデータを分類させる（ラベル付けする）問題を指す．多様な
問題を議論する記事を複数のトピックに分類させることは，多ラ
ベル分類の一例である．

目的に応じて，これまでにさまざまな分類の方法が提案されて
いる．ビジネスの現場で使われる主な方法を表 12.1 にまとめた．
k-NN 法の概要については 10.4 節で触れた．決定木については第

表 12.1　ビジネスの現場でよく使用される分類の方法

分類の方法	概要
ロジスティック回帰	二項分布に基づく確率モデルで分類する
決定木	データ空間を矩形領域に分け，木の形で分類の結果を返す
サポートベクトルマシン	二つのクラスの境界にあるデータ（サポートベクトル）を利用し，二つのクラスを最も良く分離する超平面を求める
ナイーブベイズ	各クラスにおける説明変数間の強い（ナイーブな）独立性を仮定し，クラスを予測するためにベイズの定理を利用する
ニューラルネットワーク	（特に深層）ニューラルネットワークを用いた分類モデル
k-NN 法	データが属する近傍のクラスの多数決で属性を判断する

14 章で詳しく論じる．以下では，ロジスティック回帰を中心に解説する．また，12.5 節では異常検知の問題に代表される重要な不均衡データについて詳しく解説する．

▌2. 分類の評価指標

病気の有無の診断では，ある種の検査に陽性反応した場合に病気と診断し，逆に陰性であれば病気でないと判断する．一般の分類問題においても，便宜上陽性（positive）と陰性（negative）という表現を用いて，分類の精度を考察する．

*1 confusion matrix

どんな分類を行っても，分類の結果は表 12.2 の**混同行列**[*1] としてまとめることができる．

表 12.2　二つのクラスへの分類結果を表す混同行列（confusion matrix）

予測クラス ＼ 実際のクラス	陽性（positive）	陰性（negative）
陽性（positive）	真陽性 TP（true positive）	偽陽性 FP（false positive）
陰性（negative）	偽陰性 FN（false negative）	真陰性 TN（true negative）

表 12.2 の混同行列の対角線（左上から右下）には正しく分類された人数 TP（true positive）と TN（true negative）が，副対角線（左下から右上）には誤って分類された人数 FN（false negative）と FP（false positive）がある．よく使われる分類器の精度を表す指標を表 12.3 にまとめた．状況に応じ，これらの指標を適切に用いて分類の精度を評価する．例えば，データに含まれる真の陽性者数の割合が著しく少ない場合[*2]，すなわち，TP/N < P/N → 0 の場合，全体の分類精度を示す正解率 ACC は，

*2　具体例として，12.2 節以降で扱うクレジットカードの不正利用者数がある．

$$\mathrm{ACC} = \frac{\mathrm{TP}+\mathrm{TN}}{\mathrm{P}+\mathrm{N}} = \frac{(\mathrm{TP/N})+(\mathrm{TN/N})}{(\mathrm{P/N})+1} \approx \frac{\mathrm{TN}}{\mathrm{N}} \qquad (12.1)$$

となり，特異度とほぼ一致することがわかる．このとき，ACC は関心の対象である真の陽性者を予測する性能の影響を受けないため，感度（再現率）や特異度，適合率などで分類の性能を見るべき

である．不均衡データにおける分類の工夫に関しては，12.5 節で詳しく解説する．

表 12.3　分類器の精度を表す指標（$\mathrm{P} = \mathrm{TP} + \mathrm{FN}$, $\mathrm{N} = \mathrm{FP} + \mathrm{TN}$）

指標の名称	指標の定義	指標の説明
感度（sensitivity） 再現率（recall）	$\mathrm{TPR} = \dfrac{\mathrm{TP}}{\mathrm{P}} = \dfrac{\mathrm{TP}}{\mathrm{TP} + \mathrm{FN}}$	真陽性者を正しく検出する割合 （true positive rate）
特異度（specificity）	$\mathrm{TNR} = \dfrac{\mathrm{TN}}{\mathrm{N}} = \dfrac{\mathrm{TN}}{\mathrm{TN} + \mathrm{FP}}$	真陰性者を正しく検出する割合 （true negative rate）
偽陽性率 （1−特異度）	$\mathrm{FPR} = \dfrac{\mathrm{FP}}{\mathrm{N}} = \dfrac{\mathrm{FP}}{\mathrm{TN} + \mathrm{FP}}$	真陰性者を誤って陽性者として検出する 割合（false positive rate）
適合率（precision） （1−偽発見率）	$\mathrm{PPV} = \dfrac{\mathrm{TP}}{\mathrm{FP} + \mathrm{TP}}$	陽性者と検出された者の中に占める真陽性者の 割合（positive predictive value）
偽発見率 （1−適合率）	$\mathrm{FDR} = \dfrac{\mathrm{FP}}{\mathrm{FP} + \mathrm{TP}}$	陽性者と検出された者の中に占める真陰性者の 割合（False Discovery Rate）
正解率（accuracy）	$\mathrm{ACC} = \dfrac{\mathrm{TP} + \mathrm{TN}}{\mathrm{P} + \mathrm{N}}$	正しく検出された陽性者と陰性者の合計が 全体に占める割合
F_1 スコア（F_1 score）	$2\,\dfrac{\mathrm{TPR} \times \mathrm{PPV}}{\mathrm{TPR} + \mathrm{PPV}}$	再現率と適合率の調和平均

分類を行う際に，例えば $p = 0.5$ とするなどあらかじめしきい値 $p \in (0, 1)$ を決めておく．分類器は二つのクラスを予測するための確率ベクトル $(\hat{p}_i, 1 - \hat{p}_i)$ を計算し，$\hat{p}_i > p$ なら positive のクラスとして予測する．通常 $p = 1/2$ とするが，p を動かすことによって，異なる分類結果が得られる．得られた一連の分類精度について ROC[*1] 曲線を描き，考察を行うことが多い．ここで，ROC 曲線は，横軸に偽陽性率（false positive rate）を，縦軸に感度（true positive rate）をとって描いた曲線である．感度が高く，偽陽性率が低い分類器が理想である．

*1 Receiver Operating Characteristics

12.2　クレジットカード不正利用データ

*2 https://www.kaggle.com/arvindratan/creditcard#creditcard.csv

クレジットカードの不正利用は顧客とカード会社の両方にとって損失をもたらす頭の痛い問題であり，不正利用の検出は重要な社会課題である．本節以降では，Kaggle[*2] のクレジットカードの使用

履歴データ creditcard.csv から不正利用の検出問題にさまざまな分類モデルを適用し，分類の原理と適用の実際を解説する.

creditcard.csv は 492 件の詐欺を含む 284807 件の取引に関するデータである．個人情報保護のため，元のデータにある敏感な変数は 28 個の主成分（PCA），V1, . . . , V28 で置き換えられている[*1]．主成分以外で加工されていない変数として，Time, Amount, Class がある．ラベルは Class で，1 が不正取引（positive），0 が正常取引（negative）を示す．不正取引（positive）の割合はわずか $492/284807 \approx 0.173\%$ であり，二つのクラスのデータ数が著しく不均衡であるが，当面は，この点を無視して議論を進める[*2]．

訓練データに基づいて分類モデルを構築し，テストデータに適用してその性能を試すため，まず次のように 2/3 のデータを訓練用に，残りの 1/3 のデータをテスト用に分ける．得られた訓練データ train の大きさは 189872 で，テストデータ test の大きさは 94935 である.

*1 主成分分析は次元圧縮のための標準的な多変量解析の手法である．元のデータの情報をほとんど損失させることなく，個人情報を守る手段としてデータを開示する際にデータを変換する有効な方法でもある.

*2 不均衡データにおける工夫については 12.5 節で詳しく解説する.

リスト 12.1　creditcard.csv を訓練データとテストデータに分ける

```
1: library(caret)
2: data <- read.csv("creditcard.csv",header=TRUE)
3: idx <- createDataPartition(data$Class, p=2/3, list=FALSE)
4: train <- data[idx,]
5: test <- data[-idx,]
```

訓練データの特徴量の両群における分布が異なれば，良い分類結果をもたらす．例として，V4，V27 について不正利用者群と正常利用者群における確率密度関数の推定量 $\hat{f}(x \mid y = i)$，（i は群のラベル）を図 12.1 に示した．両者の違いは顕著である.

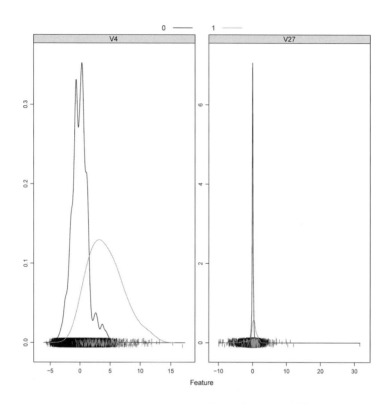

図 12.1 訓練データの特徴量 V4, V27 の不正利用者群と正常
利用者群における確率密度関数の推定量 $\hat{f}(x \mid y = i)$

12.3 ロジスティック回帰分析

1. ロジスティック回帰モデル

ラベル付きのデータ $(\boldsymbol{x}_1, Y_1), \dots, (\boldsymbol{x}_n, Y_n)$ において，Y_i は互い
に独立で，特徴量 $\boldsymbol{x}_i$ は p 次元のベクトルとする．二項分類の問題
ではラベル $Y_i = 0, 1$ である．したがって，Y_i はベルヌーイ変数[*1]
である．特徴量 $\boldsymbol{x}_i$ をもつときの陽性確率を

$$\Pr(Y_i = 1 \mid \boldsymbol{x}_i) = 1 - \Pr(Y_i = 0 \mid \boldsymbol{x}_i) = p_i \tag{12.2}$$

[*1] 離散型確率変
数 Y が $0, 1$ の値の
みをとるとき，Y
をベルヌーイ変数あ
るいはベルヌーイ確
率変数と呼ぶ．この
Y の確率関数につ
いては，
$\Pr(Y = 1)$
$= 1 - \Pr(Y = 0)$
となる．

とする．ロジスティック回帰分析では，陽性確率式 (12.2) を次のように仮定する．

$$\Pr(Y_i = 1 \mid \boldsymbol{x}_i) = \frac{e^{\alpha + \boldsymbol{\beta}^\top \boldsymbol{x}_i}}{1 + e^{\alpha + \boldsymbol{\beta}^\top \boldsymbol{x}_i}}$$
$$= \frac{e^{\alpha + \beta_1 x_{i1} + \cdots + \beta_p x_{ip}}}{1 + e^{\alpha + \beta_1 x_{i1} + \cdots + \beta_p x_{ip}}} \tag{12.3}$$

Y_i が正規分布に従う確率変数の場合，線形回帰モデルでは，$\mathbb{E}(Y_i \mid \boldsymbol{x}_i) = \alpha + \boldsymbol{\beta}^\top \boldsymbol{x}_i$ と仮定していた．式 (12.3) は，この仮定を非線形の場合に拡張したものであり，一般化線形モデル[51]の一つの例となっている．また，この式 (12.3) は

$$\Pr(Y_i = 1 \mid \boldsymbol{x}_i) = \frac{1}{1 + e^{-(\alpha + \boldsymbol{\beta}^\top \boldsymbol{x}_i)}} \tag{12.4}$$

と表現できるので，陽性確率は線形予測子 $\alpha + \boldsymbol{\beta}^\top \boldsymbol{x}_i$ のシグモイド関数 $(1/(1 + e^{-x}))$ であることがわかる．

　他の機械学習の方法に比べてロジスティック回帰モデルの長所といえる点の一つが，パラメータの解釈が容易なことである．例えば，$p = 1$ の場合の陽性になるオッズ[*1]と対数オッズは次のように書ける．

*1　確率は事象の生起しやすさを 0 と 1 の間の数値で表したものであるが，オッズは二つの排反事象（成功対失敗，陽性対陰性など）の確率の比，つまり二つの排反事象の相対的起こりやすさを表す．

$$\text{オッズ} = \frac{p_i}{1 - p_i} = e^{\alpha + \beta x_i} \tag{12.5}$$

$$\text{対数オッズ} = \log \frac{p_i}{1 - p_i} = \alpha + \beta x_i \tag{12.6}$$

ただし，β は 1 単位の x_i の変化に対応する対数オッズ増減，e^β は 1 単位の x_i の変化に対応するオッズ増減率である．陽性の判定を行うしきい値 $p_i = 1/2$ で，確率 p_i の x_i に対する変化率 $\partial p_i / \partial x_i = p_i(1 - p_i)\beta$ が最大値をとる．したがって，$p_i = 1/2$ 付近では p_i は x_i の値に敏感に反応する．

2. パラメータの最尤推定

　ベルヌーイ変数 Y_i が互いに独立なので，$\boldsymbol{p} = (p_1, \ldots, p_n)^\top$ に関する対数尤度は次のようになる．

$$\ell(\alpha, \boldsymbol{\beta}) = \sum_{i=1}^{n} \left\{ y_i \log \frac{p_i}{1 - p_i} + \log(1 - p_i) \right\} \tag{12.7}$$

また，ロジスティック回帰モデルの仮定から，

$$\ell(\alpha, \boldsymbol{\beta}) = \sum_{i=1}^{n} y_i(\alpha + \boldsymbol{\beta}^\top \boldsymbol{x}_i) - \sum_{i=1}^{n} \log\left(1 + e^{\alpha + \boldsymbol{\beta}^\top \boldsymbol{x}_i}\right) \tag{12.8}$$

式 (12.8) の $\ell(\alpha, \boldsymbol{\beta})$ が最大となる解 $\alpha, \boldsymbol{\beta}$ は陽に求められないので，数値的に解く必要がある．例えば，反復再重み付け最小二乗法[*1]によって高速で解くことができる．

*1 iteratively reweighted least squares method

▋3.　クレジットカードの不正利用の検出

さて，クレジットカードの不正利用の検出問題に，ロジスティック回帰モデルを適用してみよう．図 12.1 より訓練データの特徴量 V4, V27 は不正利用者群と正常利用者群における分布がかなり異なっている可能性を示唆している．x を V4 として，次の単純なモデル

$$\Pr(Y_i = 1 \mid x_i) = \frac{e^{\alpha + \beta x_i}}{1 + e^{\alpha + \beta x_i}}$$

を訓練データに適用し，テストデータにおける予測性能を測る．以下のようにロジスティック回帰モデルを適用するための関数 glm() の文法は線形回帰のための関数 lm() と同じであり，family は二項分布[*2]を指定する．

*2　独立で同じ陽性率をもつベルヌーイ変数の和は，二項分布に従う．ベルヌーイ分布は二項分布の特別な場合である．

リスト 12.2　V4 のみを用いたロジスティック回帰モデルの適用

```
1: require(ROSE)
2: fit.glm.V4 <- glm(Class~V4, train, family='binomial')
3: pred.glm.V4 <- predict(fit.glm.V4, test)
```

混同行列をはじめ，分類のための種々の精度は次のようにして求められる．今回の場合の感度は約 $0.085\,37$ で，カードの不正利用の発見率は極めて低いといわざるを得ない．一方，特異度は $0.999\,84$ で，正常なカード使用者の占める割合 $0.998\,27$ にほぼ一致する．

リスト 12.3　分類の精度の確認

```
1: library(caret)
2: pred.glm.V4 <- as.integer(pred.glm.V4>0.5)
3: confusionMatrix(as.factor(pred.glm.V4), test$Class)
```

　テストデータと予測確率曲線（シグモイド関数）を図 12.2 に示した．直線 $y = 0, y = 1$ 上に並ぶ縦のバーはそれぞれ両群のデータを示し，予測確率曲線は

$$\hat{p}(x) = \frac{e^{\hat{\alpha}+\hat{\beta}x}}{1 + e^{\hat{\alpha}+\hat{\beta}x}} \tag{12.9}$$

である．$x = -\hat{\alpha}/\hat{\beta} = -(-7.673)/0.908 = 8.45$ のとき，$\hat{\alpha} + \hat{\beta}x = 0$ で，$\hat{p}(x) = 1/2$ となる．上述の各種の精度の計算では，通常と同

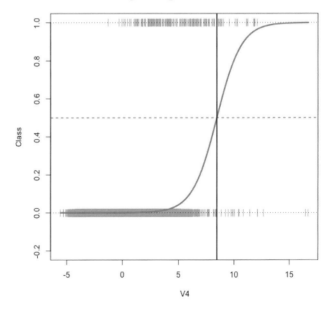

Logistic Regression Classifier

図 12.2　クレジットカード不正利用データの変数 V4 のみを使用したロジスティック回帰モデル．直線 $y = 0, y = 1$ 上のバーはテストデータで，シグモイド関数は予測確率を示す．

じように $\hat{p}(x) > 1/2$ なら標本をクラス 1 に分類するルールを採用
しているので，直線 $x = 8.45$ が決定境界となる．V4 の値が決定境
界の右側であれば，カードの使用が不正と判断される．しかし，決
定境界の左側に依然不正利用者が多く，感度の低さが目立つ．

説明変数が二つの場合の決定境界は平面であり，一般の場合の決
定境界は超平面[*1] である．一般の場合のロジスティック回帰分析
は，以下のように 1 変数の場合と同様である．11.2 節で扱った赤
池情報量規準 AIC の最小化によるモデル選択の手順も同様である．

*1 $\alpha + \beta^\top x = 0$ を特徴空間の超平面という．

リスト 12.4 　最適ロジスティック回帰モデル

```
1: library(xtable)
2: fit.glm <- glm(Class~., train, family='binomial')
3: fit.glm.opt <- step(fit.glm)
4: print(xtable(summary(fit.glm, opt), digits=4))
```

AIC 最小モデル fit.glm.opt による推定結果を表 12.4 に示す．
モデル fit.glm.opt の感度は $0.6951 \approx 70\%$ まで大きく上昇した
ことを確認できる．

12.4 ナイーブベイズ

p 次元の特徴量 x を確率変数と見なし，クラスのラベルを $c \in \{0,1\}$ とする．ベイズ的考えでは，分類問題は次の事後確率の最大
化を考える．

$$\hat{c} = \underset{c \in \{0,1\}}{\operatorname{argmax}} \Pr(Y = c \mid x) \tag{12.10}$$

ベイズの定理の分母である $p(x)$ の影響を無視すると，事後確率は

$$\Pr(Y = c \mid x) \propto \Pr(Y = c) \times p(x \mid c) \tag{12.11}$$

と書ける．ここで，各クラスにおける特徴量の成分が互いに独立で
あるという強い（ナイーブな）仮定を置く．すなわち，

$$p(x \mid c) = p(x_1 \mid c) \cdot \cdots \cdot p(x_p \mid c) \tag{12.12}$$

表 12.4 クレジットカード不正利用データにおける AIC 最小
ロジスティック回帰モデルの推定結果

	Estimate	Std. Error	z value	Pr($>|z|$)
(Intercept)	−8.5772	0.1542	−55.63	0.0000
V1	0.0886	0.0448	1.98	0.0478
V4	0.6424	0.0712	9.03	0.0000
V5	0.0998	0.0473	2.11	0.0349
V6	−0.1580	0.0816	−1.94	0.0528
V7	−0.1043	0.0662	−1.57	0.1153
V8	−0.2037	0.0362	−5.63	0.0000
V9	−0.3025	0.0978	−3.09	0.0020
V10	−0.6387	0.1042	−6.13	0.0000
V11	0.1309	0.0883	1.48	0.1382
V13	−0.3174	0.0936	−3.39	0.0007
V14	−0.5237	0.0685	−7.65	0.0000
V15	−0.1652	0.0946	−1.75	0.0809
V16	−0.3369	0.0749	−4.50	0.0000
V20	−0.4325	0.0896	−4.83	0.0000
V21	0.2941	0.0650	4.53	0.0000
V22	0.5011	0.1455	3.44	0.0006
V23	−0.0985	0.0586	−1.68	0.0924
V27	−0.8110	0.1439	−5.64	0.0000
V28	−0.3883	0.1373	−2.83	0.0047
Amount	0.0010	0.0003	2.86	0.0042

とすると，次の**ナイーブベイズ分類器**

$$\hat{c} = \underset{c \in \{0,1\}}{\operatorname{argmax}} \left\{ \Pr(Y = c) p(x_1 \mid c) \cdot \cdots \cdot p(x_p \mid c) \right\} \quad (12.13)$$

が得られる．上式における事前確率 $\Pr(Y = c)$ を訓練データにお
けるクラス c の割合で推定できる．一方，$x_j \, (j = 1, \ldots, p)$ が連続
型の場合は $p(x_j \mid c)$ を正規分布で推定でき，離散型の場合は多項
分布で推定できる．

　パッケージ e1071 の関数 naiveBayes() を使用したナイーブベ
イズ分類のコードを以下に示した．まず訓練データ train に基づ
いてナイーブベイズ分類を行い（2行目），次に得られたモデルでテ
ストデータにおける予測性能を測り（3行目），最後に分類の精度を

表す混同行列を出力する（4 行目）．すべての特徴量が連続変数なので，関数 naiveBayes() は $p(x_j \mid c)$ を周辺正規分布として計算している．混同行列より，感度は $0.878 \approx 144/(144 + 20)$ で，特異度は $0.977 \approx 92623/(92623 + 2148)$ と計算できる．感度は AIC 最小のロジスティック回帰モデルの 70% より大きく改善する．

リスト 12.5　ナイーブベイズ分類

```
1: library(e1071)
2: set.seed(314)
3: fit.nb <- naiveBayes(Class ~., train)
4: pred.nb <- predict(fit.nb, test)
5: table(pred.nb, test$Class)
```

12.5　不均衡データの分類

1.　不均衡データ

12.2 節から扱ってきたクレジットカードの不正利用に限らず，一般に不正利用の割合は正常利用と比べればわずかであり，二つのラベルの分布は著しく不均衡である．**不均衡データ**の扱いは日常的に遭遇する問題である．別の例を挙げると，工場で製造された大量の製品の中で，不良品の数は合格品に比べて通常圧倒的に少ない．あるいは，ある地域における甲状腺がんの発症と放射線の影響の調査では，甲状腺がんの症例数は健常者に比べて通常非常に少ない．

カテゴリを表すラベル（目的変数）の分布が著しく不均衡なとき，このようなデータを不均衡データ*1 と呼ぶ．割合の多いカテゴリをマジョリティ（majority; negative）といい，少ないほうをマイノリティ（minority; positive）という．不均衡データは主に二項分類の問題で顕著に現れる．ロジスティック回帰モデルや決定木を含む通常の機械学習のアルゴリズムでは，目的関数である全体の誤差

$$L = \sum_i L(y_i, \hat{y}_i)$$

が最小となるように設計されているので，全体の誤差へのマイノリ

*1　imbalanced data

ティの影響は小さい．これが，感度の低い分類となってしまう理由である．しかし，不均衡データの場合，分析者の主な関心はむしろマイノリティの検知にあり，それに適切に対応することがビジネスの現場において極めて重要である．データの不均衡さに適切に配慮した分類法を不均衡分類法[*1] という．

*1 imbalanced classification

▌2. サンプリング法と擬似データ生成法

データの不均衡さを解消する主な手法は，サンプリング法と擬似データ生成法に大別される．

アンダーサンプリング法：アンダーサンプリング法[*2]，またはダウンサンプリング法[*3] は，マイノリティと同数になるまで，マジョリティから標本を抽出する．マジョリティクラスの標本を多く除外してしまうと，分類の精度が落ちるデメリットがある．しかし，データ数の膨大さ，計算機メモリの容量，計算時間などが問題となる場合，アンダーサンプリング法は有効である．

*2 undersampling

*3 downsampling

*4 oversampling

*5 upsampling

オーバーサンプリング法：オーバーサンプリング法[*4]，またはアップサンプリング法[*5] は，マジョリティと同数になるまで，マイノリティからのブートストラップ標本[*6] を抽出する．マジョリティ数が膨大でなければ，この方法は通常良い分類性能をもたらす．アンダーサンプリング法に比べて，オーバーサンプリング法の明らかな利点は，情報の損失がないことである．ただ，訓練データに同じデータが多く含まれるため，過学習をもたらす可能性がある．

*6 データから一様な重みで重複を許してランダムに抽出された標本をブートストラップ標本 (bootstrap sample) という．

擬似データ生成法：擬似データを生成するには，さまざまな方法がある．例えば，訓練データの 2 群の特徴量の同時確率密度関数の推定を行い，推定された密度関数から擬似乱数を発生させる方法が有用である．広範囲の問題に適用できるこの方法を，平滑化ブートストラップ法[31][*7] という．パッケージ ROSE が，この方法を採用している．擬似データ生成法はオーバーサンプリング法の一種であるが，近似確率密度関数から乱数を発生させるという点でオーバーサンプリング法と異なる．他の有用な方法として，近傍法[4]が挙げられる．データの近傍を繰り返しランダムに生成

*7 smoothed bootstrap

し，データと近傍の中心との差を縮小してデータに加えたものを擬似データとする方法である．

▌3. クレジットカードの不正利用の検出

データの不均衡さを解消するためのオーバーサンプリング法とアンダーサンプリング法は，パッケージ ROSE の関数 ovun.sample() で実行できる．引数 method の指定に注意する．

リスト 12.6　サンプリング法による不均衡さの解消

```
1: require(ROSE)
2: train.up <- ovun.sample(Class ~ ., train, N=379088,
3:   method="over", seed=1)$data
4: train.down <- ovun.sample(Class ~ ., train, N=656,
5:   method="under", seed=1)$data
```

訓練データ train には Class が 0 の標本が $189\,544$，1 の標本が 328 である．オーバーサンプリング法では，マイノリティ数をマジョリティ数と等しくするために，全体のサンプル数を $N = 189\,544 \times 2 = 379\,088$ と指定する．一方，アンダーサンプリング法では，マジョリティ数をマイノリティ数と等しくするために，$N = 328 \times 2 = 656$ と指定する．

平滑化ブートストラップ法による擬似データの生成は関数 ROSE() を用いる．デフォルトでは，全標本数の約半数の擬似（ブートストラップ）標本をそれぞれのクラスから発生させる．

リスト 12.7　平滑化ブートストラップ法による擬似データ生成

```
1: require(ROSE)
2: train.rose <- ROSE(Class~., train, seed=1)$data
```

比較のため，12.3 節で得られた AIC 最小のロジスティック回帰モデルを，均衡のとれた 3 種類のデータに適用した．得られた (感度, 特異度) はそれぞれ，train.up：$(0.951, 0.979)$，train.down: $(0.951, 0.961)$，train.rose: $(0.921, 0.991)$ であった．いずれの場合の感度も不均衡データに適用したときの 70% より大きく伸ばした結果となった．

　関数 ROSE() による確率密度関数の推定の際に，次のようにして，マジョリティとマイノリティに関する分散共分散行列をチューニングするパラメータを指定できる．

リスト 12.8　分散共分散行列を指定した擬似データの生成

```
1: require(ROSE)
2: train.rose.h <- ROSE(Class~., train,  hmult.majo=0.25,
3:   hmult.mino=0.5)$data
```

演 習 問 題

問 1　以下の問いに答えよ．
- (a) 2 値データの判別結果の良さを測るための指標である，正解率，感度，特異度の意味を述べよ．
- (b) 上の各指標の長所と短所を述べよ．
- (c) $\boldsymbol{y} = (y_1, \ldots, y_n)^{\top}$ を観測ラベル，$\hat{\boldsymbol{y}} = (\hat{y}_1, \ldots, \hat{y}_n)^{\top}$ を予測ラベルとする．TP, FN, FP, TN を表 12.2 の混同行列における分類結果とする．このとき，$\boldsymbol{y}$ と $\hat{\boldsymbol{y}}$ の相関係数が

$$\mathrm{MCC} = \frac{\mathrm{TP} \cdot \mathrm{TN} - \mathrm{FP} \cdot \mathrm{FN}}{\sqrt{(\mathrm{TP} + \mathrm{FN})(\mathrm{TN} + \mathrm{FP})(\mathrm{TP} + \mathrm{FP})(\mathrm{TN} + \mathrm{FN})}}$$

となることを示せ．MCC をマシューズ相関係数（Matthews correlation coefficient），または ϕ 相関係数（phi coefficient）という．

問 2　R を用いて，以下の問いに答えよ．
- (1) $n = 1000$，$\beta_1 = 0.001$，$\beta_2 = 1.0$ とし，$x_{11}, x_{21}, \ldots, x_{n1} \sim \mathrm{Bi}(1, 0.5)$，$x_{12}, x_{22}, \ldots, x_{n2} \sim N(0, 1)$ とする．また，y_i はベルヌーイ変数で，$\mathrm{logit}(\mathrm{Pr}[y_i = 1]) = \beta_1 x_{i1} + \beta_2 x_{i2}$ とする．擬似乱数を生成し，シミュレーションデータ (y_i, x_{i1}, x_{i2}) $(i = 1, \ldots, n)$ を生成し，データフレーム df に格納せよ．
- (2) データフレーム df の 7 割を訓練データとし，残りをテストデータとして，二つの部分データセットをつくれ．また，訓練データにロジスティック回帰モデルを適用せよ．
- (3) 上述で得られたモデルをテストデータに適用し，y の予測を行え．また，適当な関数を用いて混同行列を計算し，予測の精度

を確かめよ.

問 3　R を用いて，以下の問いに答えよ.

(1) $n = 2000$, $\beta_1 = 1.5$, $\beta_2 = 2.0$ とし，$x_{11}, x_{21}, \ldots, x_{n1} \sim$ Bi$(1, 0.5)$, $x_{12}, x_{22}, \ldots, x_{n2} \sim$ Uniform$(0, 1)$ とする. ただし，Uniform(0,1) は確率密度関数 $f(x) = 1$ $(0 \leq x \leq 1)$ をもつ区間 $[0, 1]$ 上の一様分布を表す. また，y_i はベルヌーイ変数で，logit$(\Pr[y_i = 1]) = \beta_1 x_{i1} + \beta_2 x_{i2}$ とする. 擬似乱数より，シミュレーションデータ (y_i, x_{i1}, x_{i2}) $(i = 1, \ldots, n)$ を生成し，データフレーム df に格納せよ. また，データが著しく不均衡であることを確かめよ.

(2) データフレーム df にロジスティック回帰モデルを適用し，y を予測せよ. また，しきい値を 0.5，0.6，0.7，0.8，0.9 に変えながら，予測の精度を計算せよ.

(3) パッケージ ROSE を用いて，
  (i) マジョリティと同数のマイノリティを生成せよ.
  (ii) データの均衡がとれていることを確かめよ.
  (iii) 上で得られた均衡データに対して，ロジスティック回帰モデルを適用し，また y を予測せよ.
  (iv) しきい値を 0.5，0.6，0.7，0.8，0.9 に変えながら，予測の精度を計算せよ.

(4) パッケージ ROSE を用いて，
  (i) マイノリティと同数になるようにマジョリティを減らせ.
  (ii) データの均衡がとれていることを確かめよ.
  (iii) 上で得られた均衡データに対して，ロジスティック回帰モデルを適用し，また y を予測せよ.
  (iv) しきい値を 0.5，0.6，0.7，0.8，0.9 に変えながら，予測の精度を計算せよ.

第13章

ベイズ線形モデル

　将来を予測する現在の我々は，過去の延長線上にいる．現在において得られた新しい情報（エビデンス）に基づいて，過去の知識をいかに更新し，将来を予測すべきかを論じるのが，ベイズ統計学である．計算機ハードウェアの目覚ましい進歩と統計学におけるサンプリング技術の成熟さが相まって，ベイズ統計学の実践が極めて容易になった．今やベイズ的考え方はデータサイエンス全般を支配しているといっても過言ではない．本章ではベイズ的線形モデルを中心に解説する．第11章で扱ったボストン中古住宅価格の予測問題を取り上げ，ベイズ的アプローチの有効性について学ぶ．

■ 13.1　ベイズ統計学の基本的考え方

　Y を1次元の連続型確率変数とし，その確率密度関数を $f(y \mid \theta)$ とする．ここで θ は1次元のパラメータとする．ベイズ統計学では，観測可能な変数 Y だけでなく，推論の対象であるパラメータ θ も確率変数と見なす．θ は直接観測できないため，θ の分布（事前分布）をデータとは無関係にあらかじめ設定する必要がある．データが得られた後，θ の事前分布を更新して事後分布を得る．また，

将来観測するであろうデータ y^*（例えば，明日の株価など）も確率
変数なので，θ の事後分布を用いて y^* の分布（事後予測分布，ある
いは単に予測分布という）の予測を行う．したがって，$f(y \mid \theta)$ は
θ が与えられると Y の条件付き確率密度関数となる．

ここで，事前分布，事後分布，予測分布の定義をまとめておこう．

事前分布：θ の確率密度関数を $h(\theta \mid \lambda)$ とする．$h(\theta \mid \lambda)$ を θ の事
前分布[*1]，λ を**超母数**あるいは**ハイパーパラメータ**[*2] と呼ぶ．
λ を定数とする場合と確率変数とする場合があることに注意す
る．事前分布の設定がベイズ統計学において最も重要な課題で
ある．

*1 prior distribution
*2 hyperparameter

事後分布：データ y が得られた後，事前分布 $h(\theta \mid \lambda)$ は

$$h(\theta \mid y) = \frac{f(y \mid \theta)h(\theta \mid \lambda)}{f(y)} = \frac{f(y \mid \theta)h(\theta \mid \lambda)}{\int_\Theta f(y \mid \theta)h(\theta \mid \lambda)\,d\theta} \quad (13.1)$$

によって更新される（Θ はパラメータ空間）．式 (13.1) はベイズ
の定理として知られる式で，$h(\theta \mid y)$ を事後分布[*3] と呼ぶ．式
(13.1) の分母は θ とは無関係で，$h(\theta \mid y)$ が確率分布となるため
の規格化定数[*4] の役割を果たす．

*3 posterior distribution
*4 normalization constant
*5 1.3節参照.

予測分布：頻度論[*5] の立場で将来のデータ y^* を予測する考えと
して，θ の推定量 $\hat\theta$ をデータから計算し，y^* の分布 $f(y^* \mid \theta)$ を
$f(y^* \mid \hat\theta)$ で推定する．ベイズ的な考えでは，y^* の分布を予測分
布[*6]

*6 predictive distribution

$$f(y^* \mid y) = \int_\Theta f(y^* \mid y,\theta)h(\theta \mid y)\,d\theta \quad (13.2)$$

で推定する．予測分布 $f(y^* \mid y)$ は事後分布 $h(\theta \mid y)$ を用いた
$f(y^* \mid y,\theta)$ に対する重み付き平均である．

事前分布 $h(\theta \mid \lambda)$ におけるハイパーパラメータ λ を定数として
説明してきた．もし λ もある分布 $g(\lambda)$ に従うと仮定すると，最後
に λ の分布に関する平均

$$h(\theta) = \int_\Lambda h(\theta \mid \lambda)g(\lambda)\,d\lambda \quad (\Lambda \text{ は } \lambda \text{ 空間}) \quad (13.3)$$

＊1 hierarchical prior distributon

を θ の事前分布として決めることができる．事前分布 $h(\theta)$ を**階層的事前分布**[＊1] と呼ぶ.

＊2 diffuse prior

ところで，θ の事前分布の客観性を担保する一つの方法に，λ の分布として**拡散事前分布**[＊2]（無情報事前分布）を採用する方法がある．パラメータ空間が有界であれば，一様分布を使用できる．しかし，パラメータについての事前情報が少ないとき，事前分布がパラメータ空間上のある特定の値の周りに集中することを避けるべきである．この場合に考える曖昧な事前分布が拡散事前分布である．正規分布のように確率変数のとり得る範囲が無限に広がる場合，一様分布を厳密に設定できないため，非常に大きな分散をもつ分布を拡散事前分布として設定することが考えられる.

さて，式 (13.1) の事後分布の対数をとると，

$$\log h(\theta \mid y) = \log f(y \mid \theta) + \log h(\theta \mid \lambda) + c \qquad (13.4)$$

となる．ただし，$c = -\log f(y)$ は θ と無関係の定数である．データ数が増えるにつれて，対数尤度 $\log f(y \mid \theta)$ は加法的に増大するが，事前分布の対数 $\log h(\theta \mid \lambda)$ が変化することはない．したがって，データ数が多いとき，事後分布に対する事前分布の影響は比較的小さいことがわかる．一方，データ数が比較的少ないときは，事前分布の影響は相対的に大きく，解析の結果がどの程度事前分布の影響を受けるかをチェックすることが必要不可欠となる.

では，応用上重要な二項分布の例を通して，これまで紹介した種々の概念を確認してみよう.

＊3 conjugate prior
事後分布が事前分布と同じ分布族に入るときは，解析的に都合が良い．このような事前分布を共役事前分布と呼ぶ.

θ は所与のものとし，$y_1, \ldots, y_n$ は成功確率 θ で独立なベルヌーイ変数とする．$y = n^{-1} \sum_{i=1}^{n} y_i$ とすると，ny は二項分布 $\mathrm{Bi}(n, \theta)$ に従う．頻度論では，$y_1, \ldots, y_n$ が同じ条件のもとで繰り返し得られると仮定して，θ に関する推論を二項分布 $\mathrm{Bi}(n, \theta)$ に基づいて行う．一方，ベイズ推論では，まず θ の事前分布を設定する．ここでは共役事前分布[＊3] であるベータ分布 $h(\theta) \sim \mathrm{Beta}(\alpha, \beta)$ を採用する．成功確率 θ は $(0, 1)$ の間にあることから，θ の事前分布は $(0, 1)$ 上の分布を考える必要がある．θ の拡散事前分布として $(0, 1)$ 上の一様分布が考えられる．ベータ分布は $(0, 1)$ 上の一様分布を一般化したもので，確率密度関数は次のようになる.

$$h(\theta) = \text{Beta}(\alpha, \beta) = \frac{\Gamma(\alpha + \beta)}{\Gamma(\alpha)\Gamma(\beta)} \theta^{\alpha-1} (1-\theta)^{\beta-1}$$

ただし，$\Gamma(\cdot)$ はガンマ関数である．ハイパーパラメータ $\alpha > 0, \beta > 0$ の値によって，事前分布 $h(\theta)$ は区間 $(0, 1)$ 上でさまざまな形をとる．ベイズの定理を適用すれば，事後分布 $h(\theta \mid y)$ はベータ分布 $\text{Beta}(ny + \alpha, n - ny + \beta)$ となることがわかる．

事後分布の要約量の一つが期待値であり，この場合は

$$\frac{ny + \alpha}{n + \alpha + \beta} = \frac{n}{n + \alpha + \beta} y + \frac{\alpha + \beta}{n + \alpha + \beta} \frac{\alpha}{\alpha + \beta} \tag{13.5}$$

である．これはデータ $y_1, \ldots, y_n$ の平均 y と事前分布の平均 $\alpha/(\alpha + \beta)$ の重み付き平均である．事後平均の分子は「成功」数，分母は「有効」標本数と解釈すれば，α と β はそれぞれ事前分布における「成功数」と「失敗数」を表し，$\alpha + \beta$ は事前分布がもつ有効標本数を表す．また，$n \to \infty$ のときは，事後平均 (13.5) は標本平均 y に近づく．

将来のデータ y^* もベルヌーイ変数で，y と独立であると仮定すると，$P(y^* = 1 \mid y, \theta) = P(y^* = 1 \mid \theta) = \theta$ となる．したがって，$y^* = 1$ の予測確率は

$$P(y^* = 1 \mid y) = \int_0^1 P(y^* = 1 \mid y, \theta) h(\theta \mid y) \, d\theta$$
$$= \int_0^1 \theta h(\theta \mid y) \, d\theta$$

と計算され，θ の事後平均となる．

■13.2　マルコフ連鎖モンテカルロ法

ベイズ推論の実行は，まず事後分布を求めることから始まる．しかし，特に θ が高次元のとき，規格化定数である y の周辺分布 $f(y) = \int_\Theta f(y \mid \theta) h(\theta \mid \lambda) \, d\theta$ を求めることは一般に困難を極める．今日では，**マルコフ連鎖モンテカルロ**[*1]**法**（**MCMC 法**）が事後分布を数値的に求める標準的な方法である．MCMC 法では，事後分

*1 Markov chain Monte Carlo; MCMC

布に収束する**マルコフ連鎖**（後の状態が現在の状態のみに依存し，過去と独立である，確率変数の列（確率過程））の性質をもつ θ の系列を発生させる．このように発生させた値を事後分布からの標本と見なし，それに基づいて種々の計算を行う．MCMC 法は一連の方法の総称であり，代表的なものとしてメトロポリス・ヘイスティングス*1 法やギブスサンプリング*2 法がある．事後分布に比例する関数を用意できれば，メトロポリス・ヘイスティングス法やギブスサンプリング法を実行できる．事後分布における規格化定数をあらかじめ知る必要がないことがポイントである．

*1　Metropolis-Hastings

*2　Gibbs sampling

　メトロポリス・ヘイスティングス法の本質的な点は，未知の事後分布の近似として，擬似乱数の発生が容易で確率密度関数が既知である提案分布*3 を採用することである．この分布からの擬似乱数を事後分布からの擬似乱数の「提案」として用いる．メトロポリス・ヘイスティングス法は，まず初期値 $\theta^{(0)}$ を決め，次のステップを繰り返す．

*3　proposal density

(1)　ステップ t における値を $\theta^{(t)}$ とし，提案分布を $g(\theta \mid \theta^{(t)})$ とする．現在の値 $\theta^{(t)}$ に基づいて，提案分布 $g(\theta \mid \theta^{(t)})$ からランダムに次の候補となる値 θ^* を生成する．

(2)　θ の事後確率密度関数を $h(\theta \mid y)$ とし，次の量を計算する．

$$p = \frac{h(\theta^* \mid y)/g(\theta^* \mid \theta^{(t)})}{h(\theta^{(t)} \mid y)/g(\theta^{(t)} \mid \theta^*)}$$

p は事後確率密度関数に依存するが，p の計算において，ベイズの定理の分母である y の周辺確率密度関数（規格化定数）$f(y)$ は不要である．それは p が事後確率密度関数の比に依存し，$f(y)$ がキャンセルされるからである．また，提案分布が事後分布に近い場合，p は 1 に近いことに注意する．

*4　提案分布からの乱数生成が比較的容易であることや，大きい選択確率 p をもたらすこと，さらに，$\theta^{(t)}$ の系列が低い自己相関（autocorrelation）をもつことなどが，提案分布を選ぶ際の注意点である．

(3)　$p \geq 1$ ならば，$\theta^{(t+1)} = \theta^*$ とする．$p < 1$ ならば，確率 p で θ^* を採用する．

　メトロポリス・ヘイスティングス法のステップ (2) における p の計算は，尤度関数 $f(y \mid \theta)$ と事前分布 $h(\theta \mid \lambda)$ の仮定があれば十分である．θ^* を生成する提案分布の選択が重要である*4．

次に，ギブスサンプリング法の概要を説明しよう．ここで $\theta = (\theta_1, \ldots, \theta_p)^\top$ を p 次元のパラメータとする．y と $\theta_j \, (j = 1, \ldots, p)$ 以外の成分を与えたときの θ_j の条件付き確率密度関数を

$$h(\theta_j \mid \theta_1, \ldots, \theta_{j-1}, \theta_{j+1}, \ldots, \theta_p, y)$$

と表す．これらの条件付き分布は，多くの場合比較的簡単な形となる．特にこれらの条件付き分布の計算において，未知の規格化定数 $h(y)$ が不要であることに注意する．ギブスサンプリング法における標本抽出のステップは次のとおりである．

(1) パラメータの現在の値を，$\theta_1^{(t)}, \ldots, \theta_p^{(t)}$ とする．
(2) 次のように逐次的に $\theta_1^{(t+1)}, \ldots, \theta_p^{(t+1)}$ を生成する．

$$h(\theta_1^{(t+1)} \mid \theta_2^{(t)}, \theta_3^{(t)}, \ldots, \theta_{p-1}^{(t)}, \theta_p^{(t)}, y)$$
$$h(\theta_2^{(t+1)} \mid \theta_1^{(t+1)}, \theta_3^{(t)}, \ldots, \theta_{p-1}^{(t)}, \theta_p^{(t)}, y)$$
$$\vdots$$
$$h(\theta_{p-1}^{(t+1)} \mid \theta_1^{(t+1)}, \theta_2^{(t+1)}, \ldots, \theta_{p-2}^{(t+1)}, \theta_p^{(t)}, y)$$
$$h(\theta_p^{(t+1)} \mid \theta_1^{(t+1)}, \theta_2^{(t+1)}, \ldots, \theta_{p-2}^{(t+1)}, \theta_{p-1}^{(t+1)}, y)$$

メトロポリス・ヘイスティングス法とギブスサンプリング法によって抽出された標本は，適当な条件のもとで，事後分布に収束することが知られている．一方，乱数発生の定義から，生成される θ の値の系列が相関をもち，このことは収束が遅いことを示唆する．また，トレースプロットや事後相関プロットなどを用いて，視覚的に分布の収束性も診断できる．

13.3 ベイズモデルの比較

解析結果の正当性は使用するモデルに依存する．モデル検査[*1] の重要性は，ベイズ解析の場合においても同様である．頻度論の場合と異なる点は，候補となるモデルの相対的合理性をベイズ的に評価することである．

モデル H が成り立つ事前確率を $P(H)$，事後確率を $P(H \mid D)$ とする．また，モデル H のもとでの尤度関数を $P(D \mid H)$ とする．データ D を考慮せずに，モデル候補 H_2 に対する H_1 の相対的強さは

$$\text{モデルの事前オッズ} = \frac{P(H_1)}{P(H_2)} = \frac{P(H_1)}{1 - P(H_1)}$$

*1 事前オッズは二つのモデルが成り立つ事前確率の比である．後述の事後オッズも同様である．

で評価する[*1]．事前オッズが 1 より大きければモデル H_1 がより有力と考える．一方，モデル $H_k\,(k = 1, 2)$ の事後確率は

$$P(H_k \mid D) = \frac{P(D \mid H_k)P(H_k)}{P(D \mid H_1)P(H_1) + P(D \mid H_2)P(H_2)}$$

であり，モデル H_2 に対する H_1 の相対的強さは事後オッズ

$$\frac{P(H_1 \mid D)}{P(H_2 \mid D)} = \frac{P(D \mid H_1)}{P(D \mid H_2)} \times \frac{P(H_1)}{P(H_2)} \tag{13.6}$$

で事後的に測ることができる．モデルの事後オッズが事前オッズと比べてどの程度変化したかを見るのが重要であるため，ベイズ推論では，事後オッズと事前オッズの比

$$B_{12} = \frac{P(H_1 \mid D)}{P(H_2 \mid D)} \Big/ \frac{P(H_1)}{P(H_2)} = \frac{P(D \mid H_1)}{P(D \mid H_2)} \tag{13.7}$$

を用いてモデルの優劣を測る．B_{12} は，二つのモデルにおける周辺尤度

$$P(D \mid H_k) = \int P(D \mid \boldsymbol{\theta}_k, H_k) h(\boldsymbol{\theta}_k \mid H_k)\, d\boldsymbol{\theta}_k \tag{13.8}$$

*2 Bayes factor

の比であり，ベイズ因子[*2]と呼ばれている（$k = 1, 2$，また $\boldsymbol{\theta}_k$ は多次元パラメータ）．モデルの事前確率が等しいとき，ベイズ因子は事後オッズとなる．ベイズ因子は任意の正の値をとることから，その解釈は必ずしも容易ではない．現在広く受け入れられている参照基準を，表 13.1 にまとめた．ベイズ因子の解釈は応用される分野によって大きく異なる．

$\widehat{\boldsymbol{\theta}}_k$ をモデル H_k に含まれるパラメータ $\boldsymbol{\theta}_k$ の最尤推定量，$d_k =$

表 13.1　12) によるベイズ因子 B_{12} の解釈

$2 \log B_{12}$	B_{12}	H_2 を棄却する証拠の強さ
0 から 2 まで	1 から 3 まで	言及に値しない
2 から 6 まで	3 から 20 まで	積極的
6 から 10 まで	20 から 150 まで	強い
10 以上	150 以上	非常に強い

$\dim(\boldsymbol{\theta}_k)$ を $\boldsymbol{\theta}_k$ の次元とする．データの大きさ n が大きいとき，$\log B_{12}$ はパラメータ数と n を考慮したモデル H_1 と H_2 の対数尤度の差

$$S = \log P(D \mid \widehat{\boldsymbol{\theta}}_1, H_1) - \log P(D \mid \widehat{\boldsymbol{\theta}}_2, H_2) - \frac{1}{2}(d_1 - d_2) \log n$$

との差が小さくなる．このことから，Schwarz は**ベイズ情報量規準**[*1]

*1 Bayesian information criterion; BIC

$$\mathrm{BIC} = -2 \log P(D | \widehat{\boldsymbol{\theta}}, H) + \dim(\boldsymbol{\theta}) \log n \tag{13.9}$$

を提案した[19]．

　ベイズ因子との関連から次のように BIC を解釈でき，BIC の値が小さいほど，より良いモデルとなる．

　モデル H_i における BIC を $\mathrm{BIC}_i \, (i = 1, 2)$ とし，$\Delta = \mathrm{BIC}_2 - \mathrm{BIC}_1$ とする．$\Delta = 2S \approx 2 \log B_{12}$ となることに注意すると，表 13.1 により BIC を解釈できる．すなわち，

- $\Delta < 2$ ならば，H_1 が H_2 に対してより優れたとは到底いえない．
- $2 \leq \Delta < 6$ ならば，H_2 より積極的に H_1 を採用したい．
- $6 \leq \Delta < 10$ ならば，H_2 より H_1 を強く推奨する．
- $\Delta > 10$ ならば，H_2 より非常に強く H_1 を推奨する．

　BIC は頻度論の観点から導かれた赤池情報量規準

$$\mathrm{AIC} = -2 \log P(D \mid \widehat{\boldsymbol{\theta}}, H) + 2 \dim(\boldsymbol{\theta})$$

と酷似している．対数尤度（の -2 倍）にそれぞれ罰則項

$\dim(\boldsymbol{\theta}) \log n$ と $2\dim(\boldsymbol{\theta})$ を加えたものであり，両者の違いは罰則項のみである．およそ n が 8 より大きいとき，BIC の罰則項のほうが重い．BIC の基準では，モデルの優越性を示すため，データ数の増加に伴って尤度も相応に増大する必要がある．AIC はデータ量の視点に対応していないが，通常は，データ数が増えたときはより複雑なモデルの採用が想定される．

13.4 ベイズ的線形モデル

1. 基本的考え方

*1 Bayesian linear model

ベイズ線形モデル*1 は二つの部分からなる．まず，通常の誤差モデル

$$y = x\boldsymbol{\beta} + \boldsymbol{\epsilon}, \quad \boldsymbol{\epsilon} \sim N(\mathbf{0}, \boldsymbol{\Sigma}) \tag{13.10}$$

を仮定する．次に，回帰パラメータの事前分布を導入する．

$$\boldsymbol{\beta} = z\boldsymbol{\lambda} + \boldsymbol{\eta}, \quad \boldsymbol{\eta} \sim N(\mathbf{0}, \boldsymbol{\Lambda}) \tag{13.11}$$

ただし，$\boldsymbol{\epsilon}$ と $\boldsymbol{\eta}$ は独立と仮定する．ベイズ線形モデル (13.10)–(13.11) における x, z は既知の共変量行列，分散共分散行列 $\boldsymbol{\Sigma}, \boldsymbol{\Lambda}$ は既知の正定値行列，$\boldsymbol{\lambda}$ は既知のハイパーパラメータとする．

上述の仮定のもとで，$\boldsymbol{\beta}$ の事後分布は容易に導かれる．

$$\boldsymbol{\beta} \mid y \sim N\left(\widetilde{\boldsymbol{\mu}}, \widetilde{\boldsymbol{\Sigma}}\right) \tag{13.12}$$

$$\widetilde{\boldsymbol{\mu}} = \widetilde{\boldsymbol{\Sigma}}\left(x^\top \boldsymbol{\Sigma}^{-1} y + \boldsymbol{\Lambda}^{-1} z\boldsymbol{\lambda}\right) \tag{13.13}$$

$$\widetilde{\boldsymbol{\Sigma}} = \left(x^\top \boldsymbol{\Sigma}^{-1} x + \boldsymbol{\Lambda}^{-1}\right)^{-1} \tag{13.14}$$

誤差の独立性と等分散性の仮定が妥当であれば（すなわち，$i = 1, \ldots, n$ に対して ϵ_i が互いに独立で分散が σ^2 であるとき），$\boldsymbol{\Sigma} = \sigma^2 \mathbb{I}$ となる．ここで，$\mathbb{I}$ は単位行列である．後述するように（式 (13.21), (13.22)），σ^2 が未知のとき，σ^2 について $\boldsymbol{\beta}$ と独立な事前分布を設定する．

モデル (13.10)〜(13.11) はいろいろな特殊なケースを含む．例

えば，

$$y \sim N(\mu, \sigma_1^2), \quad \mu \sim N(\lambda, \sigma_2^2)$$

の場合，式 (13.12)～(13.14) より，μ の事後分布は正規分布 $N(\tilde{\mu}, \tilde{\sigma}^2)$ となることがわかる．ただし，

$$\tilde{\mu} = \frac{\sigma_2^2}{\sigma_1^2 + \sigma_2^2} y + \frac{\sigma_1^2}{\sigma_1^2 + \sigma_2^2} \lambda, \quad \frac{1}{\tilde{\sigma}^2} = \frac{1}{\sigma_1^2} + \frac{1}{\sigma_2^2} \tag{13.15}$$

μ の事後平均は最尤推定量 y と事前平均 λ の重み付き平均となる．事後分散の逆数 $1/\tilde{\sigma}^2$ は精度[*1] と呼ばれる．式 (13.15) より，正規分布の場合，事後分布の精度は標本の精度と事前分布の精度の和に分解されていることがわかる．この事実は事前分布の精度を設定するときの手がかりとなる．

*1　precision

▌2.　独立等分散モデル

モデル (13.10)～(13.11) の特殊なケースで，より実用的な次のモデル

$$\boldsymbol{y} \mid \boldsymbol{\beta} \sim N(\boldsymbol{x}\boldsymbol{\beta}, \sigma^2 \mathbb{I}_n), \quad \boldsymbol{\beta} \mid \lambda \sim N(\lambda \mathbb{1}_p, \tau^2 \mathbb{I}_p) \tag{13.16}$$

を考えよう．これは誤差が独立で等分散の仮定が成り立つモデルである．ただし，$\mathbb{I}_n$, $\mathbb{I}_p$ は n 次，p 次の単位行列，$\mathbb{1}_p$ はすべての成分が 1 の p 次元ベクトルである．また，σ^2 と τ^2 は既知とする．式 (13.16) では $\boldsymbol{\beta}$ の各成分は独立で，共通の平均 λ と共通の分散 τ^2 をもつことを仮定している．データ解析の際に $\lambda = 0$ とすることが多いことに注意する．式 (13.12)～(13.14) より，

$$\boldsymbol{\beta} \mid \boldsymbol{y} \sim N(\widetilde{\boldsymbol{\beta}}, \widetilde{\boldsymbol{\Sigma}}) \tag{13.17}$$

$$\widetilde{\boldsymbol{\beta}} = \widetilde{\boldsymbol{\Sigma}} \left(\sigma^{-2} \boldsymbol{x}^\top \boldsymbol{y} + \frac{\lambda}{\tau^2} \mathbb{1}_p \right) \tag{13.18}$$

$$\widetilde{\boldsymbol{\Sigma}}^{-1} = \sigma^{-2} \boldsymbol{x}^\top \boldsymbol{x} + \tau^{-2} \mathbb{I}_p \tag{13.19}$$

この場合の通常の最小二乗推定量が $\widehat{\boldsymbol{\beta}} = (\boldsymbol{x}^\top \boldsymbol{x})^{-1} \boldsymbol{x}^\top \boldsymbol{y}$ であることに注意すると，事後平均は $\widetilde{\boldsymbol{\beta}} = \widetilde{\boldsymbol{\Sigma}}(\sigma^{-2} \boldsymbol{x}^\top \boldsymbol{x}\widehat{\boldsymbol{\beta}} + \frac{\lambda}{\tau^2} \mathbb{1}_p)$ であり，最小二乗推定量 $\widehat{\boldsymbol{\beta}}$ と事前分布の平均 $\lambda \mathbb{1}_p$ の重み付き平均となっていることがわかる．この場合も，事後分布の精度は標本の精度と事前

分布の精度に分解されている.

式 (13.17)〜(13.19) の導出において,分散 σ^2 を既知としていた.しかし,実際のデータ解析では σ^2 は事前にわからないので,適切に処理する必要がある.$1/\sigma^2$ がモデルの精度を表していることから,σ^2 ではなく $1/\sigma^2$ の事前分布を設定するのがわかりやすい.このとき,$1/\sigma^2$ が χ^2 分布に従うように σ^2 の事前分布を設定するのが一般的である.このとき,σ^2 は逆 χ^2 分布[*1] に従うという.この場合のベイズ線形モデルは次のようになる.

*1 inverse chi-squared distribution

$$\boldsymbol{y} \mid \boldsymbol{\beta}, \sigma^2 \sim N(\boldsymbol{x}\boldsymbol{\beta}, \sigma^2 \mathbb{I}_n) \tag{13.20}$$

$$\boldsymbol{\beta} \mid \lambda \sim N(\lambda \mathbb{1}_p, \tau^2 \mathbb{I}_p) \tag{13.21}$$

$$h(\sigma^2) \propto (\sigma^2)^{-\frac{\nu_0}{2}-1} e^{-\frac{\nu_0 \sigma_0^2}{2\sigma^2}} \tag{13.22}$$

$1/\sigma^2$ の事前分布として χ^2 分布を選ぶ重要な理由の一つは,$1/\sigma^2$ の事後分布も χ^2 分布となるからである(共役事前分布).このときの $\boldsymbol{\beta}$ と σ^2 の同時事後確率密度関数は正規分布と逆 χ^2 分布の確率密度関数の積に分解される.このことを利用すれば MCMC 法による標本抽出を行うことができる.

■ 13.5 ベイズ線形モデルによるボストン住宅価格の予測

ベイズ推論の用途にいくつかの優れた R のパッケージがある.ここでは使いやすさを強く意識したパッケージ rstanarm を使用し,第 11 章で取り上げたボストン住宅価格のベイズ的予測の実際を,特に事前分布の選択や注意すべき点に触れつつ解説する.

■ 1. 事後分布からの標本抽出

第 11 章では,頻度論の観点からボストン住宅価格を予測するための線形モデルを解説した.変数選択の結果,二つの変数 indus と age を取り除いた線形モデルが良い予測性能を示すことを議論した.ここでは,このモデルの切片,回帰係数,誤差分散の各パラメータに事前分布を仮定したベイズ線形モデルを考える.

　事前分布を適宜に決め，事後分布から標本抽出を行い，ベイズモデルを適用するためには，次のように関数 stan_glm() を使用すればよい．線形モデルを当てはめるための関数 lm() を一般化線形モデルに拡張したのが関数 glm() である．関数 stan_glm() は glm() のベイズ的拡張である．

リスト 13.1　ボストン住宅価格データへのベイズ線形モデルの適用

```
1: require(rstanarm)
2: fit.bayes <- stan_glm(medv~.-indus-age, data=Boston,
3:   family=gaussian, seed=314)
```

　モデル fit.bayes には，ベイズ推論を行うために必要な多くの情報が含まれている．例えば，各パラメータの事後分布の要約を summary(fit.bayes) で確認できる（表13.2）．

表 13.2　ボストン住宅価格データ Boston に関するベイズ線形モデルにおける各パラメータの事後分布の要約量

	mean	sd	10%	50%	90%
(Intercept)	36.2	5.1	29.6	36.3	42.8
crim	−0.1	0.0	−0.2	−0.1	−0.1
zn	0.0	0.0	0.0	0.0	0.1
chas	2.7	0.9	1.6	2.7	3.8
nox	−17.3	3.5	−21.9	−17.3	−12.9
rm	3.8	0.4	3.3	3.8	4.3
dis	−1.5	0.2	−1.7	−1.5	−1.3
rad	0.3	0.1	0.2	0.3	0.4
tax	0.0	0.0	0.0	0.0	0.0
ptratio	−0.9	0.1	−1.1	−0.9	−0.8
black	0.0	0.0	0.0	0.0	0.0
lstat	−0.5	0.0	−0.6	−0.5	−0.5
sigma	4.7	0.2	4.6	4.7	4.9

■ 2.　ベイズ推論

　fit.bayes には 14 個のパラメータそれぞれの事後分布からの MCMC 標本を含んでいる．各標本のサイズは 4 000 である．これらの事後分布からの標本を用いてさまざまなベイズ推論を行

える．例えば，部屋数 rm の係数の事後平均 3.81 と 95% 確信区間[*1](3.02, 4.60) を次のように求められる．

*1　パラメータの事後分布のもとで確率が特定の値（通常は95%）になる区間を，信頼区間と区別して確信区間という．

リスト 13.2　事後平均と確信区間の求め方

```
1: post.rm <- data.frame(fit.bayes)$rm
2: mean(post.rm)  #事後平均
3: quantile(post.rm, probs=c(0.025, 0.975))  #確信区間
```

　事後分布からの MCMC 標本のヒストグラムを描くことによって，パラメータの事後分布の様子を観察することも大切であろう．次のようにして，変数名を指定すれば，まとめて事後分布（図 13.1）を描ける．

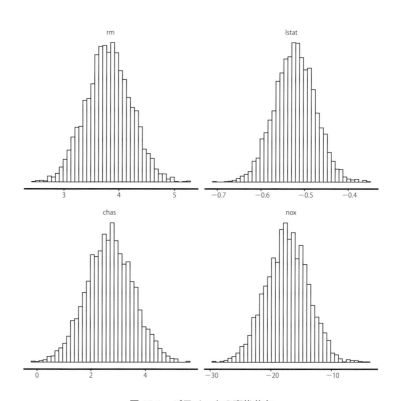

図 13.1　パラメータの事後分布

リスト 13.3　パラメータの事後分布

```
1: library(rstan)
2: stan_hist(fit.bayes, pars=c("rm", "lstat", "chas", "nox"),
3:   bins=40)
```

3.　事前分布の選択

　ベイズ推論では適切な事前分布の設定が大変重要である．上の例では何も設定しておらず，既定の事前分布を使用している．既定の事前分布は，prior_summary(fit.bayes) の Adjusted prior の項目で確認できる．$\boldsymbol{x}$ を共変量ベクトルとして，予測モデル

$$\mathbb{E}(Y \mid \boldsymbol{x}) = \alpha + \boldsymbol{\beta}^\top \boldsymbol{x} = \alpha + \sum_{j=1}^{p} \beta_j x_j$$

*1　正の値をとる確率変数 X が確率密度関数 $f(x) = \lambda e^{-\lambda x}(\lambda > 0)$ をもつとき，X はパラメータ λ の指数分布に従うという．このとき，X の平均と分散はそれぞれ $1/\lambda, 1/\lambda^2$ となる．

*2　weakly informative prior

における α，$\boldsymbol{\beta}$ は正規分布を，標準偏差 σ は指数分布[*1] を採用している．回帰係数の事前分布は互いに独立で平均 0 の正規分布である．背景情報の積極的利用が本来のベイズ解析の目的なので，フラットな無情報事前分布よりも，弱情報事前分布[*2] の使用を推奨する．計算の安定性の観点からも弱情報事前分布の採用が望ましい．stan_glm() では弱情報事前分布を既定で採用している．データドリブンな既定の事前分布は表 13.3 のとおりである．

表 13.3　関数 stan_glm() が採用する既定の事前分布

α	β_j	σ
$N(\bar{y}, 2.5\mathsf{sd}(y))$	$N\left(0, 2.5\dfrac{\mathsf{sd}(y)}{\mathsf{sd}(x_j)}\right)$	Exponential $\left(\dfrac{1}{\mathsf{sd}(y)}\right)$

　α の既定の事前分布の平均を y の平均と設定していることについて若干の考察を与える．予測モデル $\mathbb{E}(Y \mid \boldsymbol{x}) = \alpha + \boldsymbol{\beta}^\top \boldsymbol{x}$ において，$\alpha = \mathbb{E}(Y \mid \boldsymbol{x} = \boldsymbol{0})$ が成り立つ．しかし，ボストン住宅データのように，予測変数 $\boldsymbol{x}$ は正の場合が多く，$\boldsymbol{0}$ は予測変数のとり得る範囲外となることが多い．このことから，α の最尤推定量（最小二乗推定量）を中心とする事前分布の設定は適切とはいえない．予測

変数が 0 をとることができるように，x から平均 $\bar{x}$ を引き，中心化された変数 $\tilde{x} = x - \bar{x}$ を用いた予測モデルにおける切片の最小二乗法推定量 $\tilde{\alpha}$ を α の事前分布の平均とするほうがより適切といえる．しかし，回帰超平面はデータの中心 $(\bar{\tilde{x}}, \bar{y}) = (\mathbf{0}, \bar{y})$ を通ることにより，最小二乗推定量 $\tilde{\alpha}$ は結局 y の平均 $\bar{y}$ と一致する．

事前分布の工夫はベイズ推論における最も重要なことの一つである．次のようにして，α，β，および σ に自分の指定する事前分布を設定できる．この例では σ の事前分布をコーシー分布[*1]としている．フラットな事前分布の設定は可能な限り回避すべきであるが，比較などのために使用する場合もある．フラットな事前分布を使用したいときには，prior=NULL のように指定すればよい．

リスト 13.4　独自の事前分布の設定

```
1: fit.bayes.ownpriors <- update(fit.bayes,
2:   prior=normal(0, 5), prior_intercept=normal(23.5, 10),
3:   prior_aux=cauchy(0, 3))
```

∎ 4.　予測分布

ベイズモデルが機能するかどうかをさまざまな角度からチェックすることができる．一つの視点は非説明変数 y の分布と予測分布の比較である．以下のようにして関数 pp_check() を用いれば予測分布を簡単に作成できる（図 13.2）．ここでは，住宅価格の予測分布から独立に 100 組の標本を抽出し，これらの標本と住宅価格の観測値に基づくカーネル密度関数推定量[*2]のグラフを重ねて描いている．

リスト 13.5　ボストン住宅価格と予測分布

```
1: pp_check(fit.bayes, nreps=100)+xlab("medv")
```

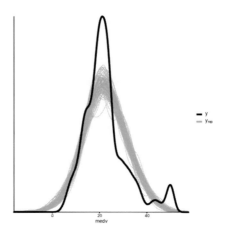

図 13.2　ボストン住宅価格（太線）と 100 個の予測分布（細線）

演 習 問 題

問1　連続型確率変数 X, Y が互いに独立で，それぞれ密度関数 $f(x), g(y)$ をもつとする．このとき，$Z = X + Y$ の密度関数 $h(z)$ は $f(x)$, $g(y)$ の畳込み，すなわち

$$h(z) = (f * g)(z) = \int_{-\infty}^{\infty} f(z - w) g(w) \, dw$$

であることを示せ．

問2　ベイズモデル $Y \sim N(\theta, \sigma^2)$, $\theta \sim N(\xi, \tau^2)$ を考える．ただし，$\sigma(> 0)$, ξ, $\tau(> 0)$ は既知の定数とする．このとき，θ の事後分布が正規分布 $N(\hat{\xi}, \hat{\tau}^2)$ であることを示せ．

$$\hat{\xi} = \hat{\tau}^2 \left(\frac{y}{\sigma^2} + \frac{\xi}{\tau^2} \right), \quad \hat{\tau}^2 = \frac{1}{\sigma^{-2} + \tau^{-2}}$$

問3　ベイズモデル $Y \sim N(\theta, \sigma^2)$, $\theta \sim N(\xi, \tau^2)$ を考える．ただし，$\sigma(> 0)$, ξ, $\tau(> 0)$ は既知の定数とする．さらに，θ の事後密度関数を $h(\theta|y)$ とし，Y^* は Y と独立で，$Y^* \sim N(\theta, \sigma^2)$ とする．Y^* の予測分布

$$f_{Y^*|y}(y^* \mid y) = \int_{-\infty}^{\infty} f(y^* \mid y, \theta) h(\theta \mid y) \, d\theta$$

を問 1 と問 2 の結果を利用して計算せよ.

問 4 パッケージ MASS のデータ Boston に含まれる住宅価格 medv を,他のすべての変数で予測する問題を考える.パッケージ rstanarm を用いて,以下の問いに答えよ.

(1) パッケージ rstanarm の関数 stan_glm() を用いて,住宅 価格 medv を予測するためのベイズ線形モデルを構築せ よ.ただし,事前分布はすべて既定のままとする.また, prior_summary で事前分布を確認せよ.

(2) NO_x(窒素酸化物)濃度に対応する回帰係数の事後分布から MCMC 標本に基づくヒストグラムを描き,事後平均と 95% 確信区間を求めよ.

(3) 独自の事前分布を設定し,ベイズモデルを更新せよ.

(4) ggplot 関数を使って,上で得られた NO_x 濃度に対応する回 帰係数の 2 種類の事後密度関数を推定し,重ねて同じグラフ で描け.

(5) medv の事後予測分布からの標本を 100 回繰返し抽出し,得 られたデータから事後予測密度関数を推定し,ベイズ回帰分 析が妥当かを適切なグラフにより確認せよ.

第14章

決定木とアンサンブル学習

　本章では回帰分析と分類問題における決定木とアンサンブル学習の考え方と適用について解説する．ここで紹介した内容をすぐに実際の問題に適用できるよう，必要最小限の R のコードを示しながら解説していく．

■ 14.1　回帰木

　機械学習では，データの発生メカニズムとして確率分布を積極的に仮定しない場合が多い．回帰分析の主な目的はデータ (x_i, y_i) に基づく予測関数 $\hat{y}_i = f(x_i)$ の構築であるため，平均二乗誤差

$$\text{MSE} = \frac{1}{n} \sum_{i=1}^{n} (y_i - \hat{y}_i)^2 \tag{14.1}$$

を損失関数として，関数 $f(x)$ の学習を行うとよい．ビジネスの現場でよく使用される**回帰木**モデルは回帰モデルの一種で，得られる結果の説明しやすさの観点から考案されたモデルである．

1. 回帰木の例

第 11 章で取り上げたボストンの住宅価格データ Boston を用いて，medv（持ち家の価格の中央値）を予測するための回帰木をつくってみよう．次のようにして R のパッケージ rpart の関数 rpart() を用いて，全変数を用いた回帰木モデルを作成できる．出力の結果を図 14.1 に示す．

リスト 14.1　回帰木モデルの作成

```
1: library(MASS)
2: library(rpart)
3: library(rpart.plot)
4: price_tree=rpart(medv ~ ., data = Boston,
5:   control=rpart.control(minsplit=20,cp=0.05))
6: rpart.plot(price_tree)
```

図 14.1 では，住宅価格の予測に最も影響力の大きい変数が，平均部屋数 rm と社会経済的地位が低い人口の比率 lstat であることを示している．木の頂点（ノード）から，平均部屋数 rm が 6.9 未満ならば左へ，6.9 以上ならば右へと枝分かれしていく．rm が 6.9 未満の左の枝において，lstat が 14 以上ならば左の枝から木の終端ノードである葉に到達し，住宅価格の予測値 $15 \times \$1\,000 = \$15\,000$ を得る．一方，lstat が 14 未満ならば右の枝から木の葉に到達し，住宅価格の予測値 $23 \times \$1\,000 = \$23\,000$ を得る．同様に，木の頂点に戻り，平均部屋数 rm が 6.9 以上の右の枝において，住宅価格の影響を与える要因が rm であり，rm が 7.4 未満かどうかで枝が分かれる．rm が 7.4 未満ならば左の枝から木の葉に到達し，予測値 $32 \times \$1\,000 = \$32\,000$ を得る．rm が 7.4 以上ならば右の枝から木の葉に到達し，予測値 $45 \times \$1\,000 = \$45\,000$ を得る．

このように，得られた回帰木モデルでは，最終的に全データが四つの領域に分割され，それぞれの領域の目的変数の平均を用いて，住宅価格の予測を行う．各ノードには全体に占める割合も示している（割合を横に合計すると 100% になる）．

回帰木は根（ルート）から葉へ成長するグラフであるが，植物の木と異なり，根が上端，葉が下端になっている．つまり，回帰木の解釈は上から下へ行う．回帰木は予測変数空間が**内部ノード**と呼

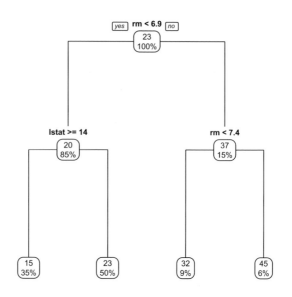

図 14.1　ボストン住宅データ Boston を用いた，medv（持ち家の価格の中央値）を予測するための回帰木モデル

ぶ点の分割によって得られるモデルである．図 14.1 では 4 個の内部ノードより，予測変数空間を

$$R_1 = \{\boldsymbol{x} \,|\, \mathrm{rm} < 6.9, \mathrm{lstat} \geq 14\}$$
$$R_2 = \{\boldsymbol{x} \,|\, \mathrm{rm} < 6.9, \mathrm{lstat} < 14\}$$
$$R_3 = \{\boldsymbol{x} \,|\, 6.9 \leq \mathrm{rm} < 7.4\}$$
$$R_4 = \{\boldsymbol{x} \,|\, \mathrm{rm} \geq 7.4\}$$

と四つの領域に分割している．

▍2.　一般的回帰木モデル

　上の例を一般化して，一般的な回帰木の作成手順を示そう．

手順 1（分割）：予測変数を $\boldsymbol{x} = (x_1, \ldots, x_p)^\top$ とする．予測（特徴）空間 $\mathcal{X} = R_1 \cup R_2 \cup \cdots \cup R_J$ を重なりのない矩形型の領域に分割する．

手順 2（予測）：領域 $R_j \, (j = 1, \ldots, J)$ に属する目的変数の予測値

$\hat{y}_{R_j}$ を，R_j に属する観測値の平均とし，平均二乗誤差

$$\mathrm{RSS} = \frac{1}{J}\sum_{j=1}^{J}\left\{\frac{1}{n_j}\sum_{i\in R_j}(y_i - \hat{y}_{R_j})^2\right\} \tag{14.2}$$

を求める（n_j は領域 R_j に属するデータの大きさ）.

手順 3（最適分割）：以上の手順を繰り返し，残差平均 2 乗和 RSS が一番小さい分割を求める.

　予測空間の分割は無限に存在するため，分割の仕方を制限する必要がある．最もよく使われるのが，**再帰的 2 分割法**と呼ぶトップダウン貪欲法である．再帰的 2 分割法では，まず，すべてのデータが属する木の根（頂点ノード）から始まり，各予測変数を用いて RSS が最小となる予測空間の最適 2 分割を行う．その後，分割された部分空間において，葉に到達するまで繰り返し最適 2 分割を求める．このような木の作成は局所的最適性を保証するが，全体を通して必ずしも最適性を保証するものではないことに注意する.

　再帰的 2 分割法のアルゴリズムは単純である．すべての予測変数 x_j と分割点 s に対して，二つの予測半平面

$$R_1(j, s) = \{\boldsymbol{x} \mid x_j < s\}, \quad R_2(j, s) = \{\boldsymbol{x} \mid x_j \geq s\}$$

を考え，平均二乗誤差

$$\frac{1}{n_1}\sum_{i:\boldsymbol{x}_i\in R_1(j,s)}(y_i - \hat{y}_{R_1})^2 + \frac{1}{n_2}\sum_{i:\boldsymbol{x}_i\in R_2(j,s)}(y_i - \hat{y}_{R_2})^2 \tag{14.3}$$

が最小となる (j, s) の組を探せばよい．ただし，n_1, n_2 は領域 R_1, R_2 における標本数，$\hat{y}_{R_1}, \hat{y}_{R_2}$ は R_1, R_2 に属する y の平均である．一つの領域のデータ数が一定数以下であれば停止し，停止条件が満たされるまで二値分割を続けていく.

　以下では，(1) まず訓練データとテストデータをつくり，(2) 訓練データを用いて回帰木モデルをつくり，(3) 回帰木モデルをテストデータに適用して予測性能を確認する，という一連の手順を示す．この手順はすべての機械学習の方法に共通する.

(1) 元のデータから約 2/3 のデータをランダムに抽出して訓練
データとし，残りをテストデータとする．

リスト 14.2　訓練データとテストデータの作成

```
1: set.seed(314)
2: n=nrow(Boston)
3: idx=sample(1:n, ceiling(n*2/3))
4: data.train=Boston[idx,] # 訓練データ
5: data.test=Boston[-idx,] # テストデータ
```

(2) 訓練データに基づいて回帰木モデルを作成し，回帰木を出力
する（図 14.2 (a)）．

リスト 14.3　訓練データに基づいた回帰木モデルの作成

```
1: tain.tree=rpart(medv ~ ., data=data.train)
2: rpart.plot(tain.tree)
```

(3) 回帰木をテストデータに適用し，住宅価格の予測値と実測値
のグラフを出力する（図 14.2 (b)）．平均二乗誤差を計算し
てみると 4.988 となり，すべての予測変数を用いる線形モデ
ルのそれよりわずかに小さくなる．

リスト 14.4　回帰木によるテストデータの予測

```
1: test.pred=predict(tain.tree, newdata=data.test)
2: plot(test.pred, data.test$medv, xlab="Predicted",
3:   ylab="Observed")
4: grid()
5: abline(0, 1)
```

3.　木の刈込み

大木には多くの枝葉があるように，回帰木も大きくなると枝葉の
数は多くなる．大きな木は複雑なモデルであり，過学習をもたらす
おそれがある．木の刈込みは，大きな木から不要な枝を切り落と
し，より汎化誤差の小さい木を得るための方法である．本質的な考
え方は 11.2 節で説明したモデル選択のための変数選択（変数削減）
と同じである．

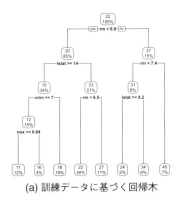

(a) 訓練データに基づく回帰木

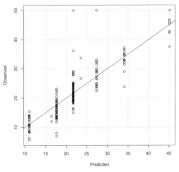

(b) (a) の回帰木のテストデータの予測

図 14.2　Boston から medv を予測するための回帰木と予測性能

木の刈込みを行うために，まずできるだけ大きな木 T_0 に成長させる．T_0 の枝を切り落とし，**部分木**[*1] T をつくる．木 T の複雑さ $|T|$ を T の葉の数で定義し，R_m を m 番目の葉に対応する矩形領域とする．木の刈込みの実行は，すべての部分木 T に対して，目的関数

$$\frac{1}{|T|} \sum_{m=1}^{|T|} \frac{1}{n_m} \sum_{i:\boldsymbol{x}_i \in R_m} (y_i - \hat{y}_{R_m})^2 + \alpha |T| \tag{14.4}$$

を最小になる木 T を求めればよい．ただし，n_m は R_m の中の標本数で，α は複雑な木による過学習を防ぐための罰則の度合いを示す**チューニングパラメータ**である．$\alpha = 0$ のとき，木の複雑さが無視され，$T = T_0$ となる．α を大きくとると，木の複雑さの対価が増大し，より単純な木が選ばれる．この点はすべてのモデル選択の原理に共通する．また，α は交差検証法で選べばよい．

木の刈込みの手順を以下のようにまとめる．

手順 1（初期木 T_0 をつくる）：再帰的 2 分割法より十分な大きさをもつ木 T_0 をつくる．

手順 2（木の刈込み）：$\alpha > 0$ を適当に決め，目的関数式 (14.4) を最小にする部分木 T を求める．

手順 3（最適な α の探索）：k-分割交差検証法（11.2 節参照）を用

いて，最適チューニングパラメータ α の値を探索する.

手順4（最適部分木の決定）：手順3で求めた最適な α を用いて，手順2より最適部分木を求める.

回帰木の生成や刈込みをコントロールするため，関数 `rpart` は多くのパラメータを備えている. これらのパラメータを `help(rpart.control)` で確認できる. 木の刈込みに関わる最も重要なパラメータは `minsplit` と `cp` である. これらのパラメータを指定することにより，次のようにして与えられた木をせん定できる（詳細な解説は割愛する）.

リスト 14.5　回帰木の刈込み

```
1: sub_tree <- prune(price_tree, minsplit=5,cp=0.02)
2: rpart.plot(sub_tree, type=1, extra=1)
```

■14.2　ランダムフォレスト

■1.　バギング法

回帰木による予測 $y = f(\boldsymbol{x})$ の精度を示す分散は，比較的大きいことが知られている. そのため，回帰木の予測精度を向上させるために，さまざまな工夫が考案されている. 母集団から無作為標本の抽出が繰り返し可能であれば，標本平均の分散は標本の大きさに比例して減少することは，統計学の初歩的な事実である. この事実を理解できれば，標本から繰り返し抽出される**ブートストラップ標本**[31]に基づく**バギング法**[*1] が分散の減少に有効であることがわかるだろう. ブートストラップ標本は，元のデータから重複を許してランダムに抽出される人工的なサンプルのことである. b 回目のブートストラップ標本に基づく予測を $f(\boldsymbol{x}^{*b})$ とすると，最終的予測モデルはこれらのモデルの平均

*1　bootstrap aggregating; bagging

$$f_{\mathrm{bag}}(\boldsymbol{x}) = \frac{1}{B}\sum_{b=1}^{B} f(\boldsymbol{x}^{*b}) \tag{14.5}$$

で定義される（B はブートストラップ標本の大きさ）．バギング法はブートストラップ標本に基づくモデル平均化の一種であり，普遍的に適用できる方法である．回帰木に使用されることが多いのは，回帰木の予測値の分散が大きいからである．

2. ランダムフォレスト

バギング法による決定木はブートストラップ標本ごとに変わるが，枝分かれの過程で影響度の強い変数がどの決定木にも現れやすいことが知られている．結果として各ブートストラップ決定木は似通うことになり，強い相関をもつ予測値が計算される．予測値の相関が強ければ，これらの値の平均の分散は予測値が独立な場合ほどは減少が期待できない[*1]．バギング法のこの欠点を改善するために，ブートストラップ標本に対して決定木をつくるときに，あらかじめ決められた $m \approx \sqrt{p}$ を用いて，p 個の予測変数からランダムに m 個の変数を選び，決定木をつくる．このようにして，データと予測変数の両方にランダム性をもたせ，より独立性の担保された決定木をつくることができ，分散の小さい決定木を構築することができる．この方法を**ランダムフォレスト**[*2]と呼ぶ．ただし，$m = p$ のとき，ランダムフォレストはバギング法に帰着される．

3. ブースティング

ブースティング法はビジネスの意思決定において最もよく使われる機械学習の方法の一つである．バギング法やランダムフォレストの場合と同様に，**ブースティング回帰木**[*3]は

$$g_T(\boldsymbol{x}) = f_1(\boldsymbol{x}) + \cdots + f_T(\boldsymbol{x})$$

のように適当な数 T 個の単体では予測性能が決して高くない回帰木を用いて加法的に表現される[*4]．バギング法やランダムフォレストの場合，各回帰木 $f_t(\boldsymbol{x})$ をできるだけ独立に構築し，最終的なアンサンブルモデル $g_T(\boldsymbol{x})$ の分散の減少を目指す．一方，ブースティング法では，次のように逐次的に**アンサンブルモデル** $g_T(\boldsymbol{x})$ を構築する．

*1 簡単な例として，二つの確率変数 X_1, X_2 に対して分散 $V(X_1) = V(X_2) = 1$ の場合を考える．X_1 と X_2 が独立であれば，平均 $Y = (X_1 + X_2)/2$ の分散は $V(Y) = (1+1)/4 = 1/2$ となる．X_1 と X_2 の共分散が $1/2$ であれば $V(Y) = (1 + 1 + 2 \times 1/2)/4 = 3/4$ まで上昇する．

*2 random forest

*3 boosted regression tree

*4 このようなモデルを加法モデルと呼ぶ．

$$g_1(\boldsymbol{x}) = f_1(\boldsymbol{x})$$
$$g_{t+1}(\boldsymbol{x}) = g_t(\boldsymbol{x}) + f_{t+1}(\boldsymbol{x}) \quad (t = 1, \ldots, T-1)$$

ただし，$f_{t+1}(\boldsymbol{x})$ は $g_t(\boldsymbol{x})$ の予測誤差に着目してつくられる回帰木である．回帰分析や分類の問題において，予測性能がそれほど高くない多くのモデル[*1] から予測性能が優れるモデルを構築する方法を**アンサンブル学習**[*2] という．アンサンブル学習は一般的な考え方であるが，決定木に対して適用されることが多い．

> [*1] ベースモデル，あるいは弱学習器と呼ぶ.

> [*2] ensemble learning 1.3節参照.

さて，回帰木をどのように更新すべきかを考えよう．t ステップにおいて，次の更新に向けて，理想としては，

$$g_{t+1}(\boldsymbol{x}_i) = g_t(\boldsymbol{x}_i) + f_{t+1}(\boldsymbol{x}_i) = y_i$$

すなわち

$$f_{t+1}(\boldsymbol{x}_i) = y_i - g_t(\boldsymbol{x}_i)$$

と期待する．このことは，$f_{t+1}(\boldsymbol{x}_i)$ は残差 $y_i - g_t(\boldsymbol{x}_i)$ の予測であり，回帰木を残差に対して逐次的に構築すればよいことを意味する．この方法はある学習器の関数である目的関数[*3] の最急降下方向である（負の）勾配に沿って学習器を更新していることから，上述のブースティング法を**勾配ブースティング**[*4] と呼ぶ．

> [*3] 関数の関数のこと．このような関数を数学では汎関数と呼ぶ.

> [*4] gradient boosting

勾配ブースティング法のアルゴリズムの詳細を以下のようにまとめる[26]．

初期準備: アルゴリズムの最初に以下を実行する．

(1) 初期予測器 $g_0(\boldsymbol{x}_i) = 0$ とする．

(2) 残差を更新する．

$$r_i^1 = y_i - g_0(\boldsymbol{x}_i) = y_i \tag{14.6}$$

さらに，新たな残差 $(\boldsymbol{x}_i, r_i^1) = (\boldsymbol{x}_i, y_i)$ に基づく回帰木 $f_1(\boldsymbol{x})$ を生成する．

(3) 適当な学習率 $\lambda > 0$ を設定し，予測モデルを次のように更新する．

$$g_1(\boldsymbol{x}) = g_0(\boldsymbol{x}) + \lambda f_1(\boldsymbol{x}) = \lambda f_1(\boldsymbol{x}) \tag{14.7}$$

反復計算：t ステップにおける予測器を $g_t(\boldsymbol{x})$ とし，残差を

$$r_i^{t+1} = y_i - g_t(\boldsymbol{x}_i) \tag{14.8}$$

とする．一定の条件が満たされるまで以下を繰り返す．

(1) 説明変数と残差 $(\boldsymbol{x}_1, r_1^{t+1}), \ldots, (\boldsymbol{x}_n, r_n^{t+1})$ に基づいて回帰木 $f_{t+1}(\boldsymbol{x})$ を生成する．

(2) 予測器を更新する

$$g_{t+1}(\boldsymbol{x}) = g_t(\boldsymbol{x}) + \lambda f_{t+1}(\boldsymbol{x}) \tag{14.9}$$

(3) 残差を更新する．

$$r_i^{t+2} = y_i - g_{t+1}(\boldsymbol{x}_i) = r_i^{t+1} - \lambda f_{t+1}(\boldsymbol{x}) \tag{14.10}$$

出力：繰り返し数を T として，縮小された各ステップで作成された回帰木の和をブースティングモデルとして出力する．

$$g_T(\boldsymbol{x}) = \sum_{t=1}^{T} \lambda f_t(\boldsymbol{x}) \tag{14.11}$$

ブースティングアルゴリズムを実行するため，停止条件に関連する繰り返し回数 T を決める必要がある．また，学習率 λ も設定する必要がある．通常 $\lambda = 0.01, 0.001$ のような小さい値とするが，λ の値が小さいとき，学習（木の更新）が緩やかに行われるため，繰り返し数 T を大きくとる必要がある．その他，木の分割数などのチューニングパラメータを調整する必要もある．

さて，パッケージ randomForest を用いて，ランダムフォレストモデルをつくってみよう．バギング法は，randomForest() の引数である mtry をすべての予測変数の次元 p（ここでは 13）と指定すれば，ランダムフォレストの特別なケースとして得られる．

リスト 14.6　訓練データに対するバギング回帰木

```
1: library(randomForest)
2: set.seed(314)
3: train.bag <- randomForest(medv ~ ., data=data.train,
4:   mtry=13, ntrees=500)
```

　ここで $m = p$ と指定しているので，ランダムフォレストモデル
はバギング法になる．この場合の平均二乗誤差が単純な回帰木モデ
ルや線形モデルより良くなっていることが確認できる．

　次に，さらなる精度の向上のため，ランダムフォレストを実行す
る．回帰分析では，mtry を $p/3$ とするのが一般的である．

リスト 14.7　訓練データに対するランダムフォレスト

```
1: set.seed(314)
2: train.forest=randomForest(medv ~ ., data=data.train,
3:   mtry=5, importance=TRUE, ntrees=500)
4: train.forest
```

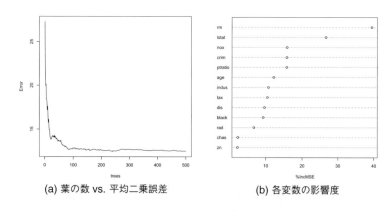

(a) 葉の数 vs. 平均二乗誤差　　　　　(b) 各変数の影響度

図 14.3　ランダムフォレストの精度と変数の影響度

リスト 14.8　ランダムフォレストの予測誤差

```
1: test.forest.pred=predict(train.forest, newdata=data.test)
2: mse=function(y, hat_y) {sqrt(mean((y-hat_y)^2))}
3: mse(test.forest.pred, data.test$medv)
```

　最後に，パッケージ gbm を用いて，ブースティング法の適用を試
みる．

リスト 14.9　訓練データに対するブースティング

```
1: library(gbm)
2: set.seed(314)
3: train.boost=gbm(medv ~ ., data=data.train,
4:   distribution="gaussian", n.trees=5000,
5:   interaction.depth=4, shrinkage=0.01)
```

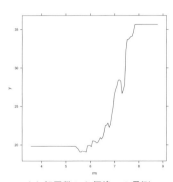 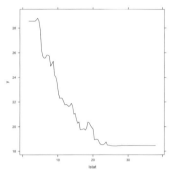

(a) 部屋数から価格への予測　　(b) 社会経済地位の低さから価格への予測

図 14.4　ブースティングモデルによる単独変数による予測

リスト 14.10　ブースティングの予測誤差

```
1: test.boost.pred=predict(train.boost, newdata=data.test,
2:   n.trees=5000)
3: mse(test.boost.pred, data.test$medv)
```

結果を比較すると，最も優れているのはブースティングとわかる．

表 14.1　アンサンブル学習した回帰モデルの予測精度の比較

モデル	RMSE	
単一の回帰木	4.99	
線形モデル	5.02	
バギング	3.52	
ランダムフォレスト	3.72	
ブースティング	3.06	最も良いモデル

14.3　分　類

決定木は回帰だけでなく分類の問題にも有効である．本節では
パッケージ ISLR にある Carseats というカーシートの販売データ
を用いて，**分類木**の考え方と適用について解説する．

1.　カーシートの販売データ

Carseats には 400 店舗における子供用のカーシートの販売デー
タが含まれている．店舗の売上（Sales）が 8 千ドル以上かどうか
を他の変数で予測する問題を考える．データフレーム Carseats の
初めの 3 行を表 14.2 に示した．計 11 個の変数の意味は表 14.3 の
とおりである．

表 14.2　データフレーム Carseats の初めの 3 行

	Sales	CompPrice	Income	Advertising	Population	Price
1	High	138.00	73.00	11.00	276.00	120.00
2	High	111.00	48.00	16.00	260.00	83.00
3	High	113.00	35.00	10.00	269.00	80.00

	ShelveLoc	Age	Education	Urban	US
1	Bad	42.00	17.00	Yes	Yes
2	Good	65.00	10.00	Yes	Yes
3	Medium	59.00	12.00	Yes	Yes

2.　バギングとランダムフォレスト

回帰木の場合と同じように，分類木の作成も関数 rpart() を使
用できる．まず，変数 Sales をカテゴリカル変数に変換する．

表 14.3　Carseats に含まれる変数と各変数の意味

変数	変数の意味
Sales	売上（単位：千ドル）
CompPrice	競争相手の価格
Income	地域の平均年収（単位：千ドル）
Advertising	広告費（単位：千ドル）
Population	地域の人口（単位：千人）
Price	メーカの価格
ShelveLoc	カーシートの棚の配置場所（悪い，良い，普通）
Age	地域の平均年齢
Education	教育レベル
Urban	店が都市部か農村部か
US	米国の店かどうか

リスト 14.11　変数 Sales をカテゴリカル変数に変換

```
1: require(ISLR)
2: data(Carseats)
3: Carseats$Sales=as.factor(ifelse(Carseats$Sales<=8,
4:   "Low", "High"))
```

標本数が $n = 400$ なので，約 $2/3$ に当たる 267 個のデータを無作為に抽出して訓練データとし，残りをテストデータとする．

リスト 14.12　訓練データとテストデータの作成

```
1: set.seed(314)
2: idx=sample(1:nrow(Carseats), 267)
3: data.train=Carseats[idx,]
4: data.test=Carseats[-idx,]
```

以下のように分類木を回帰木と全く同じように作成できる．

リスト 14.13　分類木の作成と出力

```
1: train_tree = rpart(Sales ~ ., data=data.train, cp=0.04)
```

パッケージ partykit を用いて，以下のように分類木をわかりやすいグラフとして出力できる．得られた結果が図 14.5(b) である．

リスト 14.14　分類木の出力

```
1: require(partykit)
2: plot(as.party(train_tree), gp=gpar(fontsize=8))
```

　関数 rpart() のパラメータ cp は木の複雑さ[*1] をコントロール
し，cp = 0.08 とすると極めてシンプルな決定木（図 14.5(a)）が
得られる．分類木の解釈は単純である．例えば，図 14.5(a) では，
カーシートの棚の配置場所 ShelveLoc の良い店舗（左）が 58 あり，
そのうちの約 20% の店舗の売上は Low である．一方，ShelveLoc
が Good 以外の 209 店舗において，約 70% の店舗の売上が Low で
あり，カーシートの棚の配置場所の良さが売上に対して決定的であ
ることが一目瞭然である．

　図 14.5(b) のモデルに対して，次のように関数 rpart() の出力
を関数 predict() に代入すれば，テストデータにおける分類木の
予測性能を確認できる．精度を正しく分類できた標本の割合とする
と，この精度は $(26 + 72)/(26 + 12 + 23 + 72) \approx 74\%$ となる．

リスト 14.15　分類木の性能の確認

```
1: tree.pred = predict(train_tree, data.test, type = "class")
2: table(tree.pred, data.test$Sales)
```

　分類の方法のベンチマークはロジスティック回帰である．以下
のように関数 glm() の引数 family を binomial とすれば，ロ
ジスティック回帰分析を行うことができる．この場合の精度は
$(44 + 76)/(44 + 8 + 5 + 76) \approx 90\%$ となり，図 14.5(b) の分類木の
74% より大きく上回る結果となった．

リスト 14.16　ロジスティック回帰分析と予測精度の確認

```
1: train.glm=glm(Sales ~ ., data=data.train,
2:    family="binomial")
3: glm.pred=ifelse(predict(train.glm, data.test, "response") >
4:    1/2,  "Low", "High")
5: table(glm.pred, data.test$Sales)
```

　以下のように関数 randomForest() を用いて，バギングモデル
とランダムフォレストモデルを作成し，分類木の性能改善を試み
る．これらのモデルの作成は回帰分析のときと全く同じである．予
測変数の次元が $\dim(\boldsymbol{x}) = 10$ なので，ランダムフォレストでは
mtry $= 10/3 \approx 3$ とする．

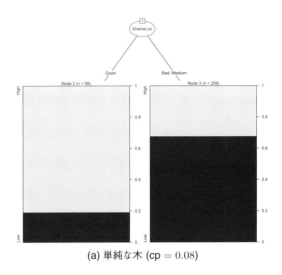

(a) 単純な木 (cp = 0.08)

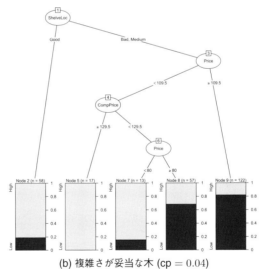

(b) 複雑さが妥当な木 (cp = 0.04)

図 14.5　カーシートの販売データ Carseats に基づく分類木

リスト 14.17　バギングとランダムフォレストによる分類木

```
1: set.seed(314)
2: train.bag=randomForest(Sales ~ ., data=data.train,
3:   mtry=10, ntrees=500)
4: train.forest=randomForest(Sales ~ ., data=data.train,
5:   mtry=3, ntrees=500)
```

　バギング法の正答率が分類木の 74% から 82% まで上昇する一方，ランダムフォレストの精度は 80% に留まり，バギング法の精度より若干悪くなっている．いずれの方法の精度もロジスティック回帰のそれより低い結果となった．

■ 3.　ブースティング

　ランダムフォレストの改善のため，ブースティングについて考える．関数 gbm() は分類問題にも適用できる．ただし，次のようにして反応変数を $0, 1$ に直してから，関数 gbm() を適用する．得られたブースティングモデルの予測精度は 84% であった．

リスト 14.18　反応変数を数値に変換

```
1: train01=data.train
2: train01$Sales=as.numeric(ifelse(train01$Sales=="Low", "0",
3:   "1"))
4: train.boost=gbm(Sales ~ ., data=train01,
5:   distribution="bernoulli", n.trees=5000,
6:   interaction.depth=4, shrinkage=0.01)
```

　これまでに議論した分類法の予測精度を表 14.4 にまとめた．ロジスティック回帰モデルの性能が一番高く，ブースティング法とバ

表 14.4　アンサンブル学習した分類モデルの予測精度の比較

モデル	予測精度	
単一の分類木	0.74	
ロジスティック回帰	0.90	最も良いモデル
バギング	0.82	
ランダムフォレスト	0.80	
ブースティング	0.84	次に良いモデル

ギング法が続く．ブースティング法は，アンサンブル学習したモデルの中では一番精度の高いモデルとなる．

演 習 問 題

問1　パッケージ rpart.plot のデータセット ptitanic の変数 class，sex，age を用いて，乗客が生存したかを予測する分類木の作成を考える．関数 rpart() を用いて最適分類木をつくるために，以下の問いに答えよ．

(1) 必要なパッケージをロードせよ．

(2) 木の複雑さをコントロールするパラメータ cp を適当に選び，大きめの木をつくれ．関数 printcp() を使用して，モデルの結果を出力し，また関数 prp() を使用して，木を出力せよ．

(3) 上で得られた木から項目 cptable を出力し，各列の意味を説明せよ．

(4) 交差確認法による誤分類率の平均が cp の関数として，プロットせよ．

(5) テストエラーが最小になる cp の値を用いて，最適な予測木をつくれ．

(6) 最適木に基づいて，2nd クラスに乗船していた 25 歳の女性が生存した確率を答えよ．

問2　パッケージ ISLR のデータセット Hitters のホームランとプレイした年数を予測変数として，プレイヤーの年俸を予測する回帰木の作成を考える．以下の問いに答えよ．

(1) 必要なパッケージをロードせよ．

(2) 木の複雑さをコントロールするパラメータ cp を適当に選び，大きめの木をつくれ．関数 printcp() を使用してモデルの結果を出力し，また，関数 prp() を使用して木を出力せよ．

(3) 交差確認法によるテストエラーが最小となる cp の値を用いて，最適回帰木をつくれ．

(4) 最適木に基づいて，平均ホームランが 4 本で 7 年のプレイ経験を有する選手の年俸を予測せよ．

問3　以下の各問いに答えよ．

(a) ランダムフォレストのアルゴリズムを擬似コードとして書け．

(b) ランダムフォレストの主な長所と短所を述べよ．

(c) パッケージ AmesHousing の住宅価格データに含まれる住宅価格を他のすべての変数で予測する問題を考える．パッケージ randomForest を使用する．以下の問いに答えよ．

(1) ハイパーパラメータを既定のままにし，ランダムフォレストモデルを構築せよ．

(2) 木の数が増えていくときの，平均二乗誤差の減少の様子を図で示せ．また平均二乗誤差の最小値を求めよ．

(3) 上のモデルを用いて，1 番目から 6 番目までの価格を予測せよ．

(4) 変数の数 mtry をチューニングパラメータとし，関数 tuneRF() を用いて，最適モデルを探索せよ．計算時間も記録せよ．

第15章

スパース学習

*1 sparse

データの数 n に比べて説明変数 x の次元 p が比較的大きいとき，同じ属性あるいは類似の属性をもつ個体数は少なくなる．p/n がかなり大きいとき，このようなデータをスパース*1 データという．最尤推定などの通常の方法をスパースデータに適用するときに，推定のアルゴリズムが不安定になりやすく，また得られるモデルの汎化誤差が大きいなどの問題が知られている．データのスパース性を考慮した機械学習の方法をスパース学習という．スパース学習法は必ずしもデータがスパースでない状況にも適用できる．本章ではスパース学習法の代表的な方法である LASSO*2 回帰を中心に紹介する．

*2 least absolute shrinkage and selection operator

15.1 LASSO 回帰

1. 罰則付き最適化問題

データ (x_i, y_i) $(i = 1, \ldots, n)$ に基づく回帰分析を考える．ここで，x_i は $(p+1)$ 次元の説明変数（特徴量，特徴ベクトル）で，y_i は 1 次元の目的変数である．健康診断データなどの場合，説明変数 x_i は数百項目にわたる場合がある．説明変数の次元が非常に大きい場合，通常の最尤推定の枠組みにおいて，変数選択のアルゴリ

ズムとして単純なモデルから徐々に説明変数を増やしていく変数増大法，あるいは複雑なモデルから徐々に説明変数を減らしていく変数減少法が行われる．しかし，説明変数の種類が多いとき，このような最適モデルの探索には膨大な時間がかかることがある．一方，**LASSO 回帰**はパラメータの推定とモデル（変数）選択を同時に行うことができる標準的な方法である．目的関数の最小値を達成できる点がパラメータ空間上に設計された領域の境界に位置するため，パラメータベクトルの多くの成分が 0 となるのが，推定と変数選択を同時に行える理由である．

*1　shrinkage estimation

　LASSO 回帰は**縮小推定**[*1] の一つとして理解することができる．縮小推定は，回帰パラメータを 0 に近づけるように対数尤度に罰則項を付加して正則化（regulation）を行う方法である．LASSO 回帰を行う前に，通常，平均が 0，分散が 1 となるように，共変量 x と目的変数 y の標準化を行う．LASSO 回帰は次の罰則付き最適化問題として定式化できる回帰分析の一つである．

$$\min_{\boldsymbol{\beta}} \{L(\boldsymbol{\beta} \mid \boldsymbol{y}, \boldsymbol{X}) + \lambda J_q(\boldsymbol{\beta})\} \tag{15.1}$$

ただし，$L(\boldsymbol{\beta} \mid \boldsymbol{y}, \boldsymbol{X})$ は通常の損失関数，$J_q(\boldsymbol{\beta})$ はモデルの複雑さ（変数の数）を反映する罰則項，$\lambda > 0$ は罰則の程度を制御する正則化パラメータである．$\lambda = 0$ であれば，モデルの複雑さを無視できる．λ を大きくすると，罰則項が主要な項となり，より単純なモデルが選ばれやすくなる．

　さて，LASSO 回帰式 (15.1) における損失関数と罰則項について考察しよう．損失関数 $L(\boldsymbol{\beta} \mid \boldsymbol{y}, \boldsymbol{X})$ は直接予測に関わる部分である．機械学習では状況に応じて以下の損失関数がよく採用される．

最小二乗損失：これは最小二乗推定の場合の損失関数である．

$$L(\boldsymbol{\beta} \mid \boldsymbol{y}, \boldsymbol{X}) = \sum_{i=1}^{n} (y_i - \boldsymbol{\beta}^\top \boldsymbol{x}_i)^2$$

負の対数尤度：パラメトリックモデルを仮定する場合，損失関数を負の対数尤度とするのが通例である．

$$L(\boldsymbol{\beta} \mid \boldsymbol{y}, \boldsymbol{X}) = -\sum_{i=1}^{n} \log f(y_i \mid \boldsymbol{\beta}, \boldsymbol{x}_i)$$

＊1 Adaptive Boosting; AdaBoost

ほかにも，状況に応じていろいろな損失関数が考えられる．例えば，アンサンブル学習の代表的方法である**アダブースト**[＊1] では，指数関数を損失関数としている採用している．

┃2. LASSO 回帰

＊2　ベイズ推論において，事後分布のパラメータに対する最大値を求める問題も，事前分布の対数を罰則項とする罰則付き最適化問題である．

ベイズ推論[＊2] を行うために事前分布を決める必要があるのと同様に，最適化問題 (15.1) を解くために，罰則項 $J_q(\boldsymbol{\beta})$ を決める必要がある．目的に応じて，罰則項を決めるのが普通であるが，ベクトル $\boldsymbol{\beta}$ の各成分の大きさの合計，すなわち，

$$J_q(\boldsymbol{\beta}) = \sum_{j=0}^{p} |\beta_j|^q \tag{15.2}$$

を使用するのが典型的である．ただし，q は正の実数である．q の選択は罰則に著しい影響を与えるが，これまでの理論研究と実際の応用で最もよく使われるのが $q = 1, 2$ である．

リッジ回帰：パラメータの各成分の 2 乗和を罰則としたい場合，

$$J_2(\boldsymbol{\beta}) = \sum_{j=0}^{p} \beta_j^2 \tag{15.3}$$

＊3　ridge regression

となる．このときの式 (15.1) に基づく回帰問題を**リッジ回帰**[＊3] という．リッジ回帰では，罰則項 (15.3) がパラメータについて微分可能であり，最適化問題を比較的簡単に解けるメリットがある．

LASSO 回帰：一方，LASSO 回帰では $q = 1$ とし，罰則項を

$$J_1(\boldsymbol{\beta}) = \sum_{j=0}^{p} |\beta_j| \tag{15.4}$$

とする．罰則項 (15.4) は式 (15.1) の最適解であるパラメータの一部の成分が 0 になる目的で設計されたものである．式 (15.4) はパラメータについて微分できないが，最適化問題 (15.1) を数値的に短時間で解くことが可能で，計算の観点からは問題とならない．

　　以上の議論をまとめると，LASSO 回帰は，正の正則化パラメータ λ に対して，次の最適化問題を解く方法である．

$$\min_{\boldsymbol{\beta}} \left\{ L(\boldsymbol{\beta} \mid \boldsymbol{y}, \boldsymbol{X}) + \lambda \sum_{j=0}^{p} |\beta_j| \right\} \tag{15.5}$$

*1 Lagrange multiplier

ラグランジュの未定乗数法*1 によれば，正の実数 t に対して，最適化問題 (15.5) は次の問題と同値である．

$$\min_{\boldsymbol{\beta}} L(\boldsymbol{\beta} \mid \boldsymbol{y}, \boldsymbol{X}) \quad \text{subject to} \quad \sum_{j=0}^{p} |\beta_j| \leq t \tag{15.6}$$

式 (15.6) における実数 t は式 (15.5) における λ と同じ役割を果たす．t の値が小さいとき，パラメータ $\boldsymbol{\beta}$ の多くの成分は 0 と推定される．

　　LASSO 回帰式 (15.5) がパラメータの推定とモデル選択を同時に行うことができる理由を図 15.1 に示した．実線は目的関数（式 (15.5) の {　} 内）の誤差項 $L(\boldsymbol{\beta} \mid \boldsymbol{y}, \boldsymbol{X})$ の等高線を示し，ひし形の部分は $|\beta_1| + |\beta_2| \leq t$ を満たす領域を表す．等高線がひし形にぶつかる点はひし形の頂点であり，目的関数の解である．ひし形の頂点は座標軸上にあることから，一つの座標成分が 0 となることが理解できる．

■15.2　ボストン住宅価格データへの適用

　　ここでは第 11 章で取り上げたボストン住宅価格データ Boston への LASSO 回帰の適用について解説する．

　　関数 glmnet() の引数を $\alpha = 1$ と指定すれば LASSO 回帰，$\alpha = 0$ とすればリッジ回帰，$0 < \alpha < 1$ とすれば Elastic Net 回帰になる．Elastic Net 回帰はリッジ回帰の罰則と LASSO 回帰の罰則の両方を取り入れた回帰モデルであり，次の罰則付き最適化問題

$$\min_{\boldsymbol{\beta}} \left\{ L(\boldsymbol{\beta} \mid \boldsymbol{y}, \boldsymbol{X}) + \lambda \left(\alpha \sum_{j=0}^{p} |\beta_j| + \frac{1-\alpha}{2} \sum_{j=0}^{p} \beta_j^2 \right) \right\} \tag{15.7}$$

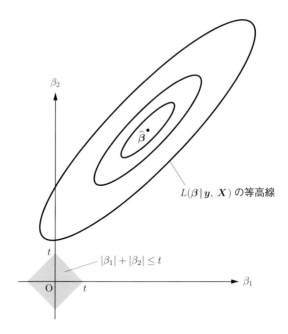

図 15.1 LASSO 回帰の幾何学的解釈

を解くことになる．LASSO 回帰を行う前に，正則化パラメータ λ を与える必要があるが，与えていない場合，関数 glmnet() はデータセットに応じて複数の λ で試してそれらの結果を返す．

まず，平均が 0，分散が 1 となるように予測変数の正規化を行おう．

リスト 15.1 ボストン住宅価格における予測変数の正規化

```
1: library(MASS)
2: X.scaled <- scale(Boston[,-14])
```

関数 glmnet() はある意味で関数 glm() の拡張である．適用するときには正規化された説明変数と目的変数を与える必要がある．

リスト 15.2　LASSO 回帰の解パス

```
1: library(glmnet)
2: fit.lasso <- glmnet(x=X.scaled, y=Boston$medv, alpha=1)
3: plot(fit.lasso, xvar="lambda", label="TRUE",
4:     xlab=expression(log(lambda)), col="gray")
```

　LASSO 回帰の結果 fit.lasso を plot で出力したものが図 15.2 である．このグラフを解パス図と呼ぶ．

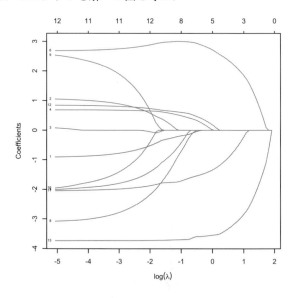

図 15.2　ボストン住宅価格データ Boston に関する LASSO 回帰の解パス

　解パス図 15.2 の横軸は正則化パラメータ λ の対数の値で，縦軸は各回帰パラメータの係数の推定値である．λ の値が大きくなっていくとき，正則化項の寄与が大きくなり，パラメータの係数の推定量は 0 に近づくことがわかる．λ が $\lambda = 1 (\log(\lambda) = 0)$ より大きいときに，三つの変数（6 番の rm, 11 番の ptratio, 13 番の lstat）のみが残り，それ以外のすべての変数の係数が 0 と推定されている．

　逆に λ の値が小さいとき，正則化項の寄与も小さく，パラメータの係数の推定量の絶対値が大きくなる様子がわかる．λ の値が非常に小さくなると，ほとんどペナルティのない状態となるので，パラ

メータはさまざまな値をとれるようになり，その値は通常の線形モデルによる推定量と近づく．

正則化パラメータ λ の最適な値を決めるためには，交差検証法を行うのが標準的手法である．次のように，パッケージ glmnet 中の関数 cv.glmnet() を利用して，10-分割交差検証法を行い，最適な λ の値を探索してみよう．

リスト 15.3 交差検証法による正則化パラメータ λ の発見

```
1: set.seed(314)
2: lasso.cv <- cv.glmnet(x=X.scaled, y=Boston$medv,
3:   alpha=1, nfolds=10)
4: plot(lasso.cv, xlab=expression(log(lambda)))
```

cv.glmnet() による交差検証法の結果を plot で出力したのが図 15.3 である．平均二乗誤差の基準で λ を選ぶため，図 15.3 の横軸は $\log(\lambda)$，縦軸は平均二乗誤差とした．平均二乗誤差が一番小さいときの最適な $\log(\lambda)$ の値は log(lasso.cv$lambda.min) で求められ，この場合 $\log(\lambda) = -3.67$ となる．このとき有意な回帰係

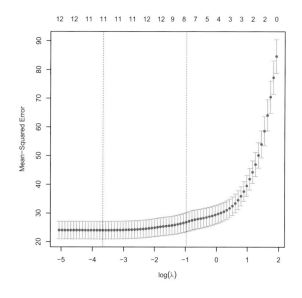

図 15.3 ボストン住宅価格に対しての 10-分割交差検証法の結果

数は 11 個あることを確認できる.

　最適な LASSO モデルの回帰係数は, coef(lasso.cv, s=lasso.cv\$lambda.min) で確認することができる. 罰則項を無視したときの通常の線形モデルによる推定量との比較を表 15.1 にまとめた. 通常の線形モデルによるに最小二乗推定量では, indus の係数の推定量は 0.02 で, age の係数の推定量は 0.00 でいずれも小さい値であるが 0 ではない. 一方, LASSO 回帰ではこの二つの係数の推定量は正確にゼロであり, 最適 LASSO モデルから indus と age を除外していることを意味する. これは第 11 章の回帰モデルをを論じた際の, 変数選択法による最適 AIC モデルと一致する.

表 15.1　ボストン住宅価格データにおける最適 LASSO 推定量と最小二乗推定量の比較

パラメータ	LASSO 推定量	通常の最小二乗推定量
(Intercept)	22.53	36.46
crim	−0.85	−0.11
zn	0.98	0.05
indus	.	0.02
chas	0.68	2.69
nox	−1.90	−17.77
rm	2.71	3.81
age	.	0.00
dis	−2.96	−1.48
rad	2.24	0.31
tax	−1.68	−0.01
ptratio	−2.02	−0.95
black	0.83	0.01
lstat	−3.73	−0.52

演 習 問 題

問 1　以下の問いに答えよ.

(a) $X \sim \mathrm{Laplace}(\tau)$ とする. すなわち, X はパラメータ $\tau > 0$ をもつラプラス分布に従い, X の確率密度関数は

$$f(x \mid \tau) = \tau e^{-2\tau|x|} \quad (-\infty < x < \infty)$$

である．$f(x \mid \tau)$ が確率密度関数であることを示せ．

(b) $Y \sim N(\mu, 1)$ とし，$\mu \sim \mathrm{Laplace}(\tau)$ とする．τ は既知である とする．このとき，μ の最大事後確率（MAP）推定量を求め ることと，適当な $\lambda > 0$ に対して，$(y - \mu)^2 + \lambda|\mu|$ を最小に することは，同値であることを示せ．

(c) 線形モデル $y_i = \boldsymbol{\beta}^\top \boldsymbol{x}_i + \epsilon_i \, (i = 1, \ldots, n)$ において，ϵ_i は独 立で，$\epsilon_i \sim N(0, \sigma^2)$ で，σ^2 は既知であるとする．また，$\boldsymbol{\beta}$ の各成分は独立で，$(\boldsymbol{\beta}$ の各成分$) \sim \mathrm{Laplace}(\tau)$ とする．ただ し，τ は既知とする．このとき，$\boldsymbol{\beta}$ の最大事後確率推定量が LASSO 推定量と一致することを示せ．

問 2 R の自動車の燃費やデザイン等に関するデータ `mtcars` を使っ て，以下の問いに答えよ．

(1) hp（Gross horsepower：馬力）を LASSO で予測するために， mpg（Miles/(US) gallon），wt（Weight (1000 lbs)），drat （Rear axle ratio），qsec（1/4 mile time）を用いることを考 える．まず，分析のためのデータマトリクスを用意せよ．

(2) パッケージ `glmnet` を用いてパラメータの LASSO 推定量を 考え，最適な λ を $k = 10$ の交差検証法で探索せよ．また，横 軸に $\log(\lambda)$，縦軸に平均二乗誤差（MSE）をとり分析の結果 を図示せよ．

(3) 上述の交差検証法で求められた最適な λ の値 λ^* を求めよ． λ^* を用いて，LASSO 回帰を行い，回帰パラメータの値を出 力せよ．

(4) 各自動車の馬力 hp 予測せよ．

(5) 全平方和 SST，残差平方和 SSE をそれぞれ計算せよ．また， SST と SSE を用いて，最適 LASSO 回帰の効果を表す指標を 計算せよ．

問 3 パッケージ `MASS` のデータ `Boston` に含まれる住宅価格 medv を 他のすべての変数で予測する問題を考える．R を用いて，以下の 問いに答えよ．

(1) 交差検証法により，最適 LASSO 回帰モデルを求めよ．

(2) 交差検証法により，最適 Ridge 回帰モデルを求めよ．

(3) 交差検証法により，最適 Elestic Net 回帰モデルを求めよ．

(4) 上述の 3 種類のモデルの平均二乗誤差を計算せよ．

演習問題略解

■ 第2章

問1

```
 1: # (1)のサンプルコード
 2: A <- matrix(1:30, nrow=6, ncol=5)
 3:
 4: # (2)のサンプルコード
 5: A[1:3, 2:4]
 6:
 7: # (3)のサンプルコード
 8: B <- t(A) %*% A
 9:
10: # (4)のサンプルコード
11: dim(B)
12:
13: # (5)のサンプルコード
14: A <- as.data.frame(A)
15:
16: # (6)のサンプルコード
17: colnames(A) <- c("V1", "V2", "V3", "V4", "V5")
18:
19: # (7)のサンプルコード
20: A$V1-A$V2
21:
22: # (8)のサンプルコード
23: A$V1 %*% A$V2
24:
25: # (9)のサンプルコード
26: d <- A$V1-A$V2
27: sqrt(d %*% d)
```

問2

```
 1: # (1)のサンプルコード
```

```
 2: set.seed(123)
 3:
 4: # (2)のサンプルコード
 5: x <- rnorm(100)
 6:
 7: # (3)のサンプルコード
 8: mean(x)
 9:
10: # (4)のサンプルコード
11: e <- rnorm(100, mean=0, sd=0.01)
12:
13: # (5)のサンプルコード
14: y <- 0.5*x+e
15:
16: # (6)のサンプルコード
17: var(y)
18:
19: # (7)のサンプルコード
20: cor(x,y)
21:
22: # (8)のサンプルコード
23: plot(x, y, main="x とy の散布図")
24:
25: # (9)のサンプルコード
26: hist(y)
27:
28: # (10)のサンプルコード
29: z <- 0.5*x+0.1*x^2+e
30: cor(x, z)
```

(10) についての補足：相関係数は，変数間の直線的な関係を測る指標である．e の大きさが非常に小さいため，$y \approx 0.5x$ となり，x と y の相関係数はほぼ 1 となる．一方，$z \approx 0.5x + 0.1x^2$ で，z は $x > -2.5$ では x の単調増加関数であるが，その関係は非線形であるため，相関係数は x と y の相関係数より小さい．

問 3

```
 1: # (1)のサンプルコード
 2: squared <- function(N) {
 3:   for(n in 1:N) {
 4:     d <- n^2
 5:     print(d)
```

```
 6:   }
 7: }
 8: squared(10)
 9:
10: # (2)のサンプルコード
11: xy.function <- function(x, y=1) {
12:   d=x+log(y)
13:   return(d)
14: }
15:
16: # (3)のサンプルコード
17: stand <- function(x){
18:   m <- mean(x)
19:   s <- sd(x)
20:   return((x-m)/s)
21: }
```

問 4

```
 1: # (1)のサンプルコード
 2: install.packages("MASS")
 3:
 4: # (2)のサンプルコード
 5: library(MASS)
 6: head(Boston)
 7: # head(Boston) の代わりに,
 8: # head(Boston,6), Boston [1:6,] でも, 同じ結果を返す.
 9:
10: # (3)のサンプルコード
11: plot(Boston$rad, Boston$medv)
12:
13: # (4)のサンプルコード
14: plot(as.factor(Boston$rad), Boston$medv)
15:
16: # (5)のサンプルコード
17: attach(Boston)
18: pairs(cbind(crim, rm, age, dis, black, lstat, medv))
19: detach(Boston)
```

■ 第 3 章

問 1　(c)
　　　なお，(a) は順序尺度，(b) は比例尺度である．
問 2　平均：32.8，中央値：33，最頻値：33
問 3　貯蓄現在高の分布は右の裾が長いため，大きな値（はずれ値）の影響を受けやすい性質がある平均値を，代表値として用いるのは，適切ではない．したがって，中央値を用いるのが望ましい．

■ 第 4 章

問 1　設問文の文章では，「血圧が高い人ほど収入が高い」という関連を「血圧を上げれば収入が増える」という因果関係に結び付けているが，実際には常識的にそのような因果関係はない．血圧と収入の関連の背景には，年齢が高いほど血圧が上がるという傾向があり，また一般的に年齢が上がれば給料も高くなっていくという関係があるため，年齢による交絡が存在していると考えられる．
問 2　傾向スコアが等しい対象者では，傾向スコアの算出に用いたもともとの交絡因子は，比較したい群間で均等に分布するという性質．
問 3　標準化差の絶対値は，マッチング前後でそれぞれ 0.28，0.23 である．したがって，マッチング後のほうが年齢分布のバランスはとれている．

■ 第 5 章

問 1　(c)
　　　書面を送り相手の同意を得ようとして，どんなに時間が経過しても返信がなかったからといって，相手が同意したことにはならない．
問 2　(a)，(c)
　　　契約を守ることは重要であるが，他の可能性を排除してクライアントの要望（仮説）に沿うようにデータの解析を行ってはいけない．仮にクライアントの仮説に反した結論が得られたとしても，正直にその結果を報告すべきである．

どんな専門家であっても，専門知識の限界があることを常に自覚すべきである．また，データには不確実性が伴い，データ解析の方法は何らかの理想的な仮定に基づいていることも常に認識すべきである．データに基づく決定は常に誤る可能性があり，その誤りの度合いを正確に記述することに努めることが，専門家の最も重要な責務である．

問 3 (b)

データが収集された後の再評価も欠かせないが，データ収集の段階でチームで議論し，データ収集の方法の適切さなどを吟味することがより重要である．事後的な不整合データの訂正は非効率なだけではなく，適切な解析を行うことが困難になる要因ともなる．

■ 第 6 章

問 1 (1) $\dfrac{3}{4}$ (2) $\dfrac{1}{3}$

問 2 $P(A) = P(B) = 1/6$, $P(A \cap B) = 1/36$ より

$$P(A \cap B) = P(A)P(B)$$

が成り立つ．これは，A と B が独立であることを示している．

問 3 陽性反応を示す事象を A，感染していることを表す事象を X とする．設問文より，$P(A \mid X) = 75/100$, $P(A \mid X^c) = 5/100$, $P(X) = 1/100$, $P(X^c) = 99/100$ であるから，求める確率 $P(X \mid A)$ は，ベイズの定理より

$$\begin{aligned}
P(X \mid A) &= \frac{P(A \mid X)P(X)}{P(A \mid X)P(X) + P(A \mid X^c)P(X^c)} \\
&= \frac{5}{38} \approx 13.2\%
\end{aligned}$$

■ 第 7 章

問 1 平均を μ とすると，式 (7.6) より，

$$\mu = \sum_{x=0}^{n} x \cdot {}_n\mathrm{C}_x p^x (1-p)^{n-x} = \sum_{x=1}^{n} x \cdot \frac{n!}{x!(n-x)!} p^x (1-p)^{n-x}$$

$$= n \sum_{x=1}^{n} \frac{(n-1)!}{(x-1)!(n-x)!} p^x (1-p)^{n-x}$$

$$= np \sum_{x=1}^{n} \frac{(n-1)!}{(x-1)!\{(n-1)-(x-1)\}!} p^{x-1} (1-p)^{(n-1)-(x-1)}$$

$$= np \sum_{k=0}^{n-1} \frac{(n-1)!}{k!\{(n-1)-k\}!} p^k (1-p)^{(n-1)-k} \quad (k = x-1)$$

$$= np \sum_{k=0}^{n-1} {}_{n-1}\mathrm{C}_k p^k (1-p)^{(n-1)-k}$$

$$= np \cdot \{p + (1-p)\}^{n-1} \quad (\text{二項定理を用いた})$$

$$= np$$

問 2

$$\mathbb{E}(X) = \int_0^\infty x f(x)\, dx$$

$$= \int_0^\infty x \cdot \lambda e^{-\lambda x}\, dx$$

$$= \left[-x e^{-\lambda x} \right]_0^\infty - \int_0^\infty (-e^{-\lambda x})\, dx$$

$$= \left[-\frac{1}{\lambda} e^{-\lambda x} \right]_0^\infty = \frac{1}{\lambda}$$

問 3　不良品の数 X は二項分布 $\mathrm{Bi}(n, p)$ に従う．$n = 100$ が大きく，$p = 3/100$ が小さいので，X は平均 $np = 3$ のポアソン分布で近似できる．この近似を用いて計算すると

$$\Pr(X \leq 2) = \Pr(X = 0) + \Pr(X = 1) + \Pr(X = 2)$$

$$= e^{-3} \frac{3^0}{0!} + e^{-3} \frac{3^1}{1!} + e^{-3} \frac{3^2}{2!}$$

$$= 8.5 e^{-3} \approx 0.423$$

第 8 章

問 1　(1)　式 (8.15) より，

$$f(x, y) = \frac{1}{2\pi} e^{-\frac{x^2 + y^2}{2}}$$

したがって，

$$f(x) = \int_{-\infty}^{\infty} f(x, y) dy = \frac{1}{\sqrt{2\pi}} e^{-\frac{x^2}{2}}$$

(2) Y の周辺密度関数

$$g(y) = \int_{-\infty}^{\infty} f(x, y)\, dx = \frac{1}{\sqrt{2\pi}} e^{-\frac{y^2}{2}}$$

より,

$$f_{X|Y}(x \mid y) = \frac{f(x, y)}{g(y)} = \frac{1}{\sqrt{2\pi}} e^{-\frac{x^2}{2}}$$

これは (1) で求めた $f(x)$ にほかならない.

問2 (ヒント) 中心極限定理を

$$\frac{(Y/n) - p}{\sqrt{p(1-p)/n}}$$

に対して適用し, 線形変換に対する正規分布の不変性 (a, b が定数で $X \sim N(\mu, \sigma^2)$ のとき, $aX + b \sim N(a\mu + b, a^2\sigma^2)$ という性質) を用いる.

■第9章

問1 平均 (期待値) $\mathbb{E}(X_i) = p$ より

$$\mathbb{E}(\bar{X}) = \frac{1}{n} \sum_{i=1}^{n} \mathbb{E}(X_i) = p$$

問2 $X_1, \ldots, X_n$ の平均 $\bar{X}$, $Y_1, \ldots, Y_n$ の平均 $\bar{Y}$ について,

$$\bar{X} \sim N\left(\mu, \frac{1}{n}\right), \quad \bar{Y} \sim N\left(\xi, \frac{1}{n}\right)$$

となる. また, 設問文より,

$$\frac{\Pr[(\bar{X} - \bar{Y}) - (\mu - \xi)]}{\sqrt{2/n}} \sim N(0, 1)$$

となる. したがって, $\mu - \xi$ の 95% 信頼区間は

$$\left[\bar{X} - \bar{Y} - 1.96\sqrt{\frac{2}{n}}, \ \bar{X} - \bar{Y} + 1.96\sqrt{\frac{2}{n}}\right]$$

問3　検定統計量 $Z = \sqrt{n}(\bar{X} - \mu)$ の帰無分布は $N(0,1)$ で，観測値は $Z = 10\bar{X} = 1,2$ である．標準正規分布の分布関数を $\Phi(x)$ とすると，p 値は

$$1 - \Phi(1) \approx 0.159, \quad 1 - \Phi(2) \approx 0.023$$

第 10 章

問1 (a)　血糖値の測定値のバラツキの要因として，例えば次のものが考えられる．

- 血糖値は血圧などと同じく時間的に変動しており，測定のタイミングや条件などによって変わる．
- 測定方法（機器）には誤差が伴う．
- 異なる個人の特性や健康状態が異なるため，個人間の血糖値が大きく異なることが想定される．

これらについて，食後一定時間後に測定するなどの条件を決めておくことにより，個人内の血糖値の値をなるべく一定にするようコントロールできる．また，簡易な検査では測定誤差は無視できない場合もあるが，測定方法の工夫により測定誤差はある程度制御できる．血糖値データのバラツキの最大の要因は，個人の特性に由来するものと考えられる．

(b)　血糖値のデータ解析の不確実さの理由として，次のものが考えられる．

- 結論はデータに依存しており，データは偶然の変動が伴う．異なるデータに対して同じ方法を適用しても異なる結論が得られる．
- データ解析の方法は一定の条件のもとで導かれたものである．これらの条件が厳密に成立することはあり得ず，そのため結論に不確実性を与える．血糖値のデータの場合，例えば患者の年齢に着目すると，高齢者のデータに偏る可能性がある．このような場合，最小二乗推定を行っても，得られた回帰係数の信憑性が疑われる．
- データ解析の方法はしばしば，中心極限定理のような漸近理論に基づいている．この事実も，解析結果

の不確実性の重要な要因である．

(c) 設問に与えられた回帰モデルを適用する前に検討すべきこととして，例えば次のものが考えられる．
- 年齢や性別などの個人の特性
- 血糖値と BMI の関係が線形的かどうか
- 誤差の正規性や分散の均一性

問 2

```
1: # (1)のサンプルコード
2: require(MASS)
3: summary(lm(medv~rm, data=Boston))
4:
5: # (2)のサンプルコード
6: require(MASS)
7: summary(lm(medv~rm+chas, data=Boston))
8:
9: # (3)のサンプルコード
10: require(MASS)
11: summary(lm(medv~., data=Boston))
```

(1) 調整済み決定係数（Adjusted R-squared）：0.483

(2) 調整済み決定係数（Adjusted R-squared）：0.494
決定係数がわずかに上昇しており，chas が medv の予測に寄与していることを示唆している．

(3) 調整済み決定係数（Adjusted R-squared）：0.734
決定係数が顕著に上昇し，rm と chas 以外に medv の予測に寄与する複数の変数の存在を示唆する．

(4) 理由：複雑なモデルはデータの局所的な変動に敏感に反応し，予測誤差はモデルの複雑さに応じて小さくなる傾向がある．
問題点：複雑なモデルの明らかな問題としては計算の負荷が挙げられるが，データへの過度な適応がモデルの汎化性能の欠如をもたらすという過学習の問題が本質的である．

問 3

```
1: # (1)のサンプルコード
2: mse <- function(y, y.pred){
3:   d <- (y-y.pred)^2
4:   mean(d)
```

```
 5: }
 6:
 7: # (2)のサンプルコード
 8: fit.full <- lm(medv~., data=Boston)
 9: y.pred <- predict(fit.full, newdata=Boston[,-14])
10: mse(Boston$medv, y.pred)
11:
12: # (3)のサンプルコード
13: train <- Boston[1:300,]
14: test <- Boston[-(1:300),]
15:
16: # (4)のサンプルコード
17: fit.train <- lm(medv~., data=train)
18: y.train <- predict(fit.train, newdata=train[,-14])
19: mse(train$medv, y.train)
20:
21: y.test <- predict(fit.train, newdata=test[,-14])
22: mse(test$medv, y.test)
23:
24: # (5)のサンプルコード
25: fit.rm <- lm(medv~rm+chas, data=train)
26: y.rm <- predict(fit.rm, newdata=test[,-14])
27: mse(test$medv, y.rm)
```

(2) 平均二乗誤差（MSE）：21.895

(4) 訓練データの平均二乗誤差（MSE）：9.634
テストデータの平均二乗誤差（MSE）：366.066
理由：モデルは訓練データにおける平均二乗誤差を最も小さくするように導かれている．

(5) 平均二乗誤差（MSE）：94.430
理由：モデルが単純であるほど，データの細部よりもデータの全体的傾向を捉えようとするため，未知のテストデータに対する予測性能もある程度は担保される．適切な変数を選択し，最適モデルを探索することが重要である．

第 11 章

問 1 (a) 説明変数：年齢と BMI
目的変数：血糖値（糖尿病の臨床的診断は血糖値で判断さ

れる）

(b) 説明変数：住民の教育を受けた年数
目的変数：犯罪率

(c) 説明変数：運動習慣の有無や運動量，飲酒習慣の有無や飲酒量
目的変数：糖尿病，心筋梗塞や脳梗塞

(d) 説明変数：気温や湿度
目的変数：ピーク時の電力消費量

(e) 説明変数：利用時間や，性別，年齢，喫煙の有無などの客の特徴
目的変数：訪問あたりの消費金額

(f) 説明変数：ある時点までの感染者数
目的変数：将来の感染者数

(g) 説明変数：文章の中に含まれる単語
目的変数：想定される文章の種類

(h) 説明変数：入力の単語
目的変数：候補となる単語

(i) 説明変数：判定すべきニュースの中に含まれる単語
目的変数：ニュースの真贋

問 2　回帰パラメータ α, β の最尤推定量を求める問題は，対数尤度の最大化問題として定式化される．正規分布を仮定した場合，対数尤度の最大化問題は，平均二乗誤差の最小化問題に帰着される．したがって，この場合は最尤推定量と最小二乗推定量が一致する．しかし，正規分布以外の誤差分布を仮定した場合，尤度の最大化問題と平均二乗誤差の最小化問題は同値でないので，最尤推定量と最小二乗推定量は一般に異なる．

問 3 (1)　$\hat{\beta} = R\dfrac{S_y}{S_x}$ （ただし，S_x, S_y は x, y の標本標準偏差）

(2)　省略．

問 4

```
1: # (1)のサンプルコード
2: head(cars)
3:
4: # (2)のサンプルコード
5: plot(x=cars$speed, y=cars$dist)
6: ## あるいは
```

```
 7:  scatter.smooth(x=cars$speed, y=cars$dist)
 8:
 9:  # (3)のサンプルコード
10:  par(mfrow=c(1, 2)) # グラフを 2 列に配置
11:  speed.out <- boxplot.stats(cars$speed)$out
12:  boxplot(cars$speed, main="Speed",
13:    sub=paste("Outlier: ", speed.out))
14:  dist.out <-boxplot.stats(cars$dist)$out
15:  boxplot(cars$dist, main="Distance",
16:    sub=paste("Outlier: ", dist.out))
17:
18:  # (4)のサンプルコード
19:  # install.packages("e1071") : 必要に応じて
20:  library(e1071)
21:  par(mfrow=c(1, 2)) # グラフを 2 列に配置
22:  ## speed の密度関数
23:  speed.skew <- round(e1071::skewness(cars$speed), 2)
24:  plot(density(cars$speed), main="Speed",
25:    sub=paste("Skewness:", speed.skew))
26:
27:  ## dist の密度関数
28:  dist.skew <- round(e1071::skewness(cars$dist), 2)
29:  plot(density(cars$dist), main="Distance",
30:    sub=paste("Skewness:", dist.skew))
31:
32:  # (5)のサンプルコード
33:  cor(cars$speed, cars$dist)
34:
35:  # (6)のサンプルコード
36:  (lm.fit <- lm(dist ~ speed, data=cars))
37:
38:  # (7)のサンプルコード
39:  summary(lm.fit)
40:
41:  # (8)のサンプルコード
42:  par(mfrow=c(2, 2))
43:  plot(lm.fit)
44:  par(mfrow=c(1, 1))
45:
46:  # (9)(i)のサンプルコード
47:  # install.packages("tidyverse") : 必要に応じて
48:  library(ggplot2)
```

```
49: car.plot <- ggplot(cars, aes(x=speed, y=dist))+geom_point()
50: car.plot
51:
52: # (9)(ii)のサンプルコード
53: car.plot <- car.plot+geom_smooth(method="lm", col="red")
54: car.plot
55:
56: # (9)(iii)のサンプルコード
57: # install.packages("ggpubr") : 必要に応じて
58: library(ggpubr)
59: car.plot <- car.plot+stat_regline_equation(label.x=8,
60:   label.y=105)
61: car.plot
62:
63: # (9)(iv)のサンプルコード
64: car.plot+theme_bw()+
65:   labs(title="Car Speed vs. Stopping Distance",
66:   x="Speed", y="Distance")
```

(2) 停止距離がほぼ速度に比例して増大していることが確認でき，線形モデルの適用は妥当と考えられる．

(3) はずれ値はある．

(4) 速度の分布の歪度（Skewness）：−0.11
距離の分布の歪度（Skewness）：0.76

(5) 0.807

(6) 速度の係数は 3.932

■ 第 12 章

問 1 (a) 正解率：全データのうち正しく予測できた割合
感度：陽性者を正しく陽性と予測できた割合
特異度：陰性者を正しく陰性と予測できた割合

(b) 正解率：両群のデータのバランスがとれたときは適切な指標となるが，不均衡データの場合には適切な指標とはいえない．
感度：陽性の判定が重要な場合には適切な指標となるが，偽陽性の情報が無視されている．
特異度：陰性の判定が重要な場合には適切な指標となるが，偽陰性の情報が無視されている．

(c) $\bar{y} = n^{-1} \sum_{i=1}^{n} y_i, \tilde{y} = n^{-1} \sum_{i=1}^{n} \hat{y}_i$ とする. $\bar{y} = n^{-1}(\text{TP} + \text{FN}), \tilde{y} = n^{-1}(\text{TP} + \text{FP}), y_i^2 = y_i, \hat{y}_i^2 = \hat{y}_i$ に注意すると, 相関係数 $\text{cov}(\boldsymbol{y}, \hat{\boldsymbol{y}}) = n^{-1}(\text{TP} \cdot \text{TN} - \text{FP} \cdot \text{FN})$, $\boldsymbol{y}$ の分散 $V(\boldsymbol{y}) = n^{-2}(\text{TP} + \text{FN})(\text{TN} + \text{FP})$, $\hat{\boldsymbol{y}}$ の分散 $V(\hat{\boldsymbol{y}}) = n^{-2}(\text{TP} + \text{FP})(\text{TN} + \text{FN})$ と計算できることから MCC が導かれる.

問 2

```
 1: # (1)のサンプルコード
 2: set.seed(314)
 3: n <- 1000
 4: beta1 <- 0.001
 5: beta2 <- 1.0
 6: x1 <- rbinom(n=n, size=1, prob=0.5)
 7: x2 <- rnorm(n=n)
 8: p <- beta1*x1+beta2*x2
 9: p <- exp(p)/(1+exp(p))
10: y <- rbinom(n=n, size=1, prob=p)
11: df <- data.frame(x1=x1, x2=x2, y=y)
12:
13: # (2)のサンプルコード
14: train <- df[1:700,]
15: test <- df[-(1:700),]
16: model_train <- glm(y ~ ., data=train, family=binomial)
17:
18: # (3)のサンプルコード
19: # install.packages("caret") : 必要に応じて
20: library(caret)
21: pred <- predict(model_train, newdata=test, type="response")
22: pred <- as.numeric(pred>=0.5)
23: confusionMatrix(as.factor(pred), as.factor(test$y))
```

問 3

```
 1: # (1)のサンプルコード
 2: set.seed(314)
 3: n <- 2000
 4: beta1 <- 1.5
 5: beta2 <- 2.0
 6: x1 <- rbinom(n=n, size=1, prob=0.5)
 7: x2 <- runif(n=n)
 8: p <- beta1*x1+beta2*x2
```

```
 9:  p <- exp(p)/(1+exp(p))
10:  y <- rbinom(n=n, size=1, prob=p)
11:  df <- data.frame(x1=x1, x2=x2, y=y)
12:  # 不均衡さの確認
13:  table(df$y)
14:
15:  # (2)のサンプルコード
16:  # install.packages("caret") : 必要に応じて
17:  library(caret)
18:  model <- glm(y ~ ., data=df, family=binomial)
19:  pred <- predict(model, newdata=df, type="response")
20:  # しきい値を変える
21:  cut_off <- seq(0.5, 0.9, by=0.1)
22:  for(t in cut_off){
23:    print(c("cut off values=", t))
24:    pred_01 <- as.numeric(pred)>=t
25:    print(confusionMatrix(as.factor(pred_01),
26:    as.factor(df$y)))
27:    }
28:
29:  # (3)(i)のサンプルコード
30:  # install.packages("ROSE") : 必要に応じて
31:  library(ROSE)
32:  df.up <- ovun.sample(y~., data=df, p=0.5, method="over",
33:    seed=1)$data
34:
35:  # (3)(ii)のサンプルコード
36:  table(df.up $y)
37:
38:  # (3)(iii)のサンプルコード
39:  model_up <- glm(y ~ ., data=df.up, family=binomial)
40:  pred <- predict(model_up, newdata=df.up, type="response")
41:
42:  # (3)(iv)のサンプルコード
43:  cut_off <- seq(0.5, 0.9, by=0.1)
44:  for(t in cut_off){
45:    print(c("cut off values=", t))
46:    pred_01 <- as.numeric(pred>=t)
47:    # 混同行列
48:    print(confusionMatrix(as.factor(pred_01),
49:      as.factor(df.up$y)))
50:    }
```

```
51:
52: # (4)(i)のサンプルコード
53: df.down <- ovun.sample(y~., data=df, N=712, method="under",
54:   seed=1)$data
55:
56: # (4)(ii)のサンプルコード
57: table(df.down$y)
58:
59: # (4)(iii)のサンプルコード
60: model_down <- glm(y ~ ., data=df.down, family=binomial)
61: pred <- predict(model_down, newdata=df.down,
62:   type="response")
63:
64: # (4)(iv)のサンプルコード
65: cut_off <- seq(0.5, 0.9, by=0.1)
66: for(t in cut_off){
67:   print(c("cut off values=", t))
68:   pred_01 <- as.numeric(pred>=t)
69:   # 混同行列
70:   print(confusionMatrix(as.factor(pred_01),
71:     as.factor(df.down$y)))
72:   }
```

■ 第 13 章

問1　（ヒント）変数変換 $z = x + y, w = y$ を考える．この変換の
　　　ヤコビアンは 1 なので，Z, W の同時確率密度関数は $f(x)g(y) = f(z-w)g(w)$ となる．

問2　（ヒント）事後確率密度関数を $h(\theta \mid y)$ とする．ベイズの定理
　　　を用いて，

$$h(\theta \mid y) \propto \exp\left\{-\frac{1}{2} \cdot \frac{(\theta - \hat{\xi})^2}{\hat{\tau}^2}\right\}$$

　　　を示す．

問3　　正規分布 $N(m, s^2)$ の確率密度関数を $\phi_{m,s^2}(\cdot)$ とする．Y^* と
　　　Y が独立なので $f(y^* \mid y, \theta) = f(y^* \mid \theta)$ であることに注意すると，
　　　事後予測分布の確率密度関数 $f_{Y^* \mid y}(y^* \mid y)$ は，$\phi_{0,\sigma^2}(\cdot)$ と $\phi_{\hat{\xi},\hat{\tau}^2}(\cdot)$
　　　の畳込みであることがわかる．$W_1 \sim N(0, \sigma^2), W_2 \sim N(\hat{\xi}, \hat{\tau}^2)$ と

し，W_1, W_2 を独立であるとすると，問 1 より，$f_{Y^*|y}(y^* \mid y)$ は，$W_1 + W_2$ の確率密度関数になる．すなわち，予測分布は正規分布 $Y^* \mid y \sim N(\hat{\xi}, \sigma^2 + \hat{\tau}^2)$ である．

問 4

```
1: # (1)のサンプルコード
2: # install.packages("rstanarm") : 必要に応じて
3: library("rstanarm")
4: data(Boston, package="MASS")
5: fit.bayes <- stan_glm(medv~., data=Boston, family=gaussian,
6:   seed=1)
7: prior_summary(fit.bayes)
8:
9: # (2)のサンプルコード
10: post.nox <- data.frame(fit.bayes)$nox
11: hist(post.nox)
12: mean(post.nox) # 事後平均
13: quantile(post.nox, probs=c(0.025, 0.975)) # 確信区間
14:
15: # (3)のサンプルコード
16: fit.bayes.ownpriors <-
17: update(
18: fit.bayes,
19: prior=normal(0, 5),
20: prior_intercept=normal(36, 20),
21: prior_aux=exponential(rate=0.1))
22:
23: # (4)のサンプルコード
24: require(ggplot2)
25: post1.nox <- data.frame(fit.bayes.ownpriors)$nox
26: default_prior <- data.frame(beta_nox=post.nox)
27: default_prior$prior <- 'default'
28:
29: own_prior <- data.frame(beta_nox=post1.nox)
30: own_prior$prior <- 'own'
31:
32: post_nox <- rbind(default_prior, own_prior)
33: ggplot(post_nox, aes(beta_nox, fill=prior))+
34:   geom_density(alpha=0.2)
35:
36: # (5)のサンプルコード
37: set.seed(1)
```

```
38: pp_check(fit.bayes, nreps=100)+xlab("medv")
```

(2) 事後平均：-17.672
確信区間：2.5% 点は -25.028，97.5% 点は -10.647

■第 14 章

問 1

```
1:  # (1)のサンプルコード
2:  # install.packages("rpart")：必要に応じて
3:  library(rpart) # 予測木をつくる
4:  # install.packages("rpart.plot")：必要に応じて
5:  library(rpart.plot) # 木のプロット
6:
7:  # (2)のサンプルコード 初期木
8:  set.seed(1)
9:  tree <- rpart(survived~pclass+sex+age, data=ptitanic,
10:   control=rpart.control(cp=.0001))
11: printcp(tree)
12: prp(tree)
13:
14: # (3)のサンプルコード
15: tree$cptable
16:
17: # (4)のサンプルコード
18: plotcp(tree)
19:
20: # (5)のサンプルコード：木の剪定
21: best <- tree$cptable[which.min(tree$cptable[,"xerror"]),
22:   "CP"]
23: pruned_tree <- prune(tree, cp=best)
24: prp(pruned_tree, extra=1)
25:
26: # (6)のサンプルコード
27: new <- data.frame(pclass="2nd", age=25, sex="female")
28: predict(pruned_tree, newdata=new, type='prob')
```

(3) CP：複雑度，nsplit：木のサイズ，rel error：誤分類率，
xerror：交差確認法による誤分類率の平均，
xstd：交差確認法の誤分類率の標準偏差

(6)　0.932

問 2

```
 1: # (1)のサンプルコード
 2: # install.packages("ISLR") : 必要に応じて
 3: library(ISLR) # to use Hitters
 4: # install.packages("rpart") : 必要に応じて
 5: library(rpart) # 決定木の当てはめ
 6: # install.packages("rpart.plot") : 必要に応じて
 7: library(rpart.plot) # 決定木のプロット
 8:
 9: # (2)のサンプルコード
10: set.seed(1)
11: tree <- rpart(Salary ~ Years+HmRun, data=Hitters,
12:   control=rpart.control(cp=.0001))
13: printcp(tree)
14: prp(tree)
15:
16: # (3)のサンプルコード
17: best <- tree$cptable[which.min(tree$cptable[,"xerror"]),
18:   "CP"]
19: pruned_tree <- prune(tree, cp=best)
20: prp(pruned_tree, extra=1)
21:
22: # (4)のサンプルコード
23: new <- data.frame(Years=7, HmRun=4)
24: predict(pruned_tree, newdata=new)
```

(4)　577.606（単位：千ドル）

問 3 (a)　訓練データを用意

木の本数（ntrees）を決める

for i=1 to ntrees do

ブートストラップ標本を生成する

ブートストラップ標本を用いた回帰木を育てる

for each split do

p 個の説明変数からランダムに m 個を選ぶ

m 個の変数から最適な変数（split）を選ぶ

ノードを二つに分割する

end

適切な停止条件に基づき木の成長を止める（剪定せず）

(b) 主な長所：通常は非常に優れたパフォーマンスを有することと，検証のために余分なデータを用意する必要がないこと，はずれ値に対して頑健性がある（ロバストである）ことなど

主な短所：データセットが大きい場合実行時間が長いこと，高度なブースティングアルゴリズムに劣る場合が多いこと，解釈しにくいこと　など

(c)

```
1: # (1)のサンプルコード
2: # install.packages("AmesHousing") : 必要に応じて
3: require(AmesHousing)
4: house <- make_ames()
5: set.seed(123)
6: # install.packages("randomForest") : 必要に応じて
7: library(randomForest)
8: (m1 <- randomForest(Sale_Price ~ ., data=house))
9:
10: # (2)のサンプルコード
11: plot(m1)
12: which.min(m1$mse)
13: sqrt(m1$mse[which.min(m1$mse)])
14:
15: # (3)のサンプルコード
16: predict(m1, head(house)[,-79])
17:
18: # (4)のサンプルコード
19: set.seed(314)
20: system.time(
21: m2 <- tuneRF(
22:   x =house[, -79],
23:   y =house$Sale_Price,
24:   ntreeTry =500,
25:   mtryStart =5,
26:   stepFactor=1.5,
27:   improve =0.01,
28:   trace =FALSE))
```

(2) 24418.08

(3) 1番目：201228.1, 2番目：114730.2,
3番目：164446.5, 4番目：242952.7,

5 番目：187793.7，6 番目：193089.0
（単位はドル）

第 15 章

問 1 (a) 積分区間を二つに分け，それぞれ計算する．まず，

$$\int_0^\infty f(x \mid \tau)dx = \int_0^\infty \tau e^{-2\tau x}dx = \left[-\frac{1}{2}e^{-2\tau x}\right]_0^\infty = \frac{1}{2}$$

同様に，

$$\int_{-\infty}^0 f(x \mid \tau)dx = \frac{1}{2}$$

したがって，

$$\int_{-\infty}^\infty f(x \mid \tau)dx = 1$$

(b) y, μ の同時確率密度関数

$$f(y, \mu \mid \tau) = \frac{1}{\sqrt{2\pi}}e^{-\frac{1}{2}(y-\mu)^2} \times \tau e^{-2\tau|\mu|}$$

より，事後確率密度関数の対数は，

$$\log[f(y, \mu \mid \tau)] = -\frac{1}{2}(y-\mu)^2 - 2\tau|\mu| + 定数$$

となる．したがって，

$$-2\log[f(y, \mu \mid \tau)] = (y-\mu)^2 + \lambda|\mu| + 定数 \quad (\lambda = 4\tau)$$

ゆえに，MAP 推定量は $(y-\mu)^2 + \lambda|\mu|$ を最小にするものであることがわかる．

(c) （ヒント）最大事後確率推定量は $\boldsymbol{y} = (y_1, \ldots, y_n)^\top$ の周辺分布に依存しないので，前問と同じように $\boldsymbol{y}, \boldsymbol{\beta}$ の同時確率密度関数 $f(\boldsymbol{y}, \boldsymbol{\beta} \mid \tau)$ を考えればよい．

問 2

```
1: # (1)のサンプルコード
2: y <- mtcars$hp
3: x <- scale(mtcars[, c('mpg', 'wt', 'drat', 'qsec')])
4:
```

```
 5: # (2)のサンプルコード
 6: # install.packages("glmnet") : 必要に応じて
 7: library(glmnet)
 8: cv_model <- cv.glmnet(x, y, alpha=1)
 9: plot(cv_model)
10:
11: # (3)のサンプルコード
12: (best_lambda <- cv_model$lambda.min)
13: best_model <- glmnet(x, y, alpha=1, lambda=best_lambda)
14: coef(best_model)
15: plot(glmnet(x, y, alpha=1), xlab=expression(log(lambda)))
16:
17: # (4)のサンプルコード  予測
18: (y_predicted <- predict(best_model, s=best_lambda, newx=x))
19:
20: # (5)のサンプルコード  回帰の効果の計算
21: SST <- sum((y-mean(y))^2)
22: SSE <- sum((y_predicted-y)^2)
23: (1-SSE/SST)  # 回帰の効果
```

(3) $\lambda^* = 3.214$

回帰パラメータは, mpg：-18.128, wt：20.201, drat：.,

qsec：-34.173

ただし，「.」は，その変数の係数が 0 と推定されたことを意

味する.

(5) $\text{SST} = 145726.9$, $\text{SSE} = 28764.28$,

指標：$1 - (\text{SSE/SST}) = 0.803$

問 3

```
 1: # (1)のサンプルコード 最適LASSO 回帰
 2: library(MASS)
 3: library(glmnet)
 4: cv_model_1 <- cv.glmnet(y=Boston[,14],
 5:   x=data.matrix(Boston[,-14]), alpha=1)
 6: # plot(cv_model_1)
 7: model_1 <- glmnet(y=Boston[,14],
 8:   x=data.matrix(Boston[,-14]),
 9:   lambda=cv_model_1$lambda.min,
10:   alpha=1)
11: # model_1$beta
12:
```

```
13: # (2)のサンプルコード 最適Ridge 回帰
14: cv_model_0 <- cv.glmnet(y=Boston[,14],
15:   x=data.matrix(Boston[,-14]),
16:   alpha=0)
17: # plot(cv_model_0)
18: model_0 <- glmnet(y=Boston[,14],
19:   x=data.matrix(Boston[,-14]),
20:   lambda=cv_model_0$lambda.min,
21:   alpha=0)
22: # model_0$beta
23:
24: # (3)のサンプルコード 最適Elastic Net 回帰
25: alpha <- seq(0.1, 0.9, 0.1)
26: mse.df <- numeric()
27:
28: for (i in 1:length(alpha)) {
29:   fit <- cv.glmnet(y=Boston[,14],
30:     x=data.matrix(Boston[,-14]),
31:       alpha=alpha[i])
32:   mse.df <- rbind(mse.df,
33:     data.frame(alpha=alpha[i],
34:       mse=min(fit$cvm)))
35: }
36: best.alpha <- mse.df$alpha[mse.df$mse == min(mse.df$mse)]
37:
38: fit <- cv.glmnet(y=Boston[,14],
39:   x=data.matrix(Boston[,-14]),
40:   family="gaussian",
41:   alpha=best.alpha)
42:
43: best.lambda <- fit$lambda.min
44: # 最適モデル
45: model_alpha <- glmnet(y=Boston[,14],
46:   x=data.matrix(Boston[,-14]),
47:   lambda=best.lambda,
48:   alpha=best.alpha)
49: # model_alpha$beta
50:
51: # (4)のサンプルコード
52: # LASSO
53: y=Boston$medv
54: x=scale(Boston[,-14])
```

```
55: hat_y_1 <- predict(model_1, newx=x,
56:   s=cv_model_1$lambda.min, type='response')
57: mean((y-hat_y_1)^2)
58: # Ridge
59: hat_y_0 <- predict(model_0, newx=x,
60:   s=cv_model_0$lambda.min, type='response')
61: mean((y-hat_y_0)^2)
62: # Elastic Net
63: est.Y <- predict(model_alpha, newx=x,
64:   s=best.lambda, type='response')
65: mean((y-est.Y)^2)
```

(4)　LASSO：339.196, Ridge：139.650, Elastic Net：373.360

参考文献

1) J. Albert: *Bayesian Computation with R*, Use R!, Springer (2007)

2) P. C. Austin: Balance diagnostics for comparing the distribution of baseline covariates between treatment groups in propensity-score matched samples, *Statistics in Medicine*, **28**(25), 3083–3107 (2009)

3) D. M. Blei and P. Smyth: Science and Data Science, *PNAS*, **114**(33), 8689–8692 (2017)

4) N. V. Chawla, K. W. Bowyer, L. O. Hall and W. P. Kegelmeyer: SMOTE: Synthetic Minority Over-sampling Technique, *Journal of Artificial Intelligence Research*, **16**, 321–357 (2002)

5) J. W. Cohen: *Statistical Power Analysis for the Behavioral Sciences*, Academic Press (1969)

6) D. Donoho: 50 Years of Data Science, *Journal of Computational and Graphical Statistics*, **26**(4), 745–766 (2017)

7) S. Greenland and J. M. Robins: Estimation of a Common Effect Parameter from Sparse Follow-Up Data, *Biometrics*, **41**(1), 55–68 (1985)

8) S. Guo and M. W. Fraser: *Propensity Score Analysis: Statistical Methods and Applications*, Advanced Quantitative Techniques in the Social Sciences Book 11, SAGE Publications (2014)

9) J. A. Hartigan and M. A. Wong: Algorithm AS 136: A K-Means Clustering Algorithm, *Journal of the Royal Statistical Society. Series C (Applied Statistics)*, **28**(1), 100–108 (1979)

10) M. A. Hernán, J. Hsu and B. Healy: A Second Chance to Get Causal Inference Right: A Classification of Data Science Tasks, *Chance*, **32**(1), 42–49 (2019)

11) M. I. Jordan: Artificial Intelligence—The Revolution Hasn't Happened Yet, *Harvard Data Science Review*,
https://hdsr.mitpress.mit.edu/pub/wot7mkc1/release/9

(2019)

12) R. E. Kass and A. E. Raftery: Bayes Factors, *Journal of the American Statistical Association*, **90**(430), 773–795 (1995)

13) N. Mantel and W. Haenszel: Statistical Aspects of the Analysis of Data From Retrospective Studies of Disease, *Journal of the National Cancer Institute*, **22**(4), 719–748 (1959)

14) D. Martens Data Science Ethics: Concepts, Techniques, and Cautionary Tales, Oxford University Press (2022)

15) A. OH́agan, M. G. Kendall, A. Stuart and J. K. Ord: *Kendall's Advanced Theory of Statistics, Vol 2B: Bayesian Inference*, Hodder Education (1994)

16) P. Peduzzi, J. Concato, E. Kemper, T. R. Holford and A. R. Feinstein: A simulation study of the number of events per variable in logistic regression analysis, *Journal of Clinical Epidemiology*, **49**(12), 1373–1379 (1996)

17) P. R. Rosenbaum and D. B. Rubin: The central role of the propensity score in observational studies for causal effects, *Biometrika*, **70**(1), 41–55 (1983)

18) J. S. Saltz and J. M. Stanton: *An Introduction to Data Science*, SAGE Publications (2017)

19) G. Schwarz: Estimating the Dimension of a Model, *The Annals of Statistics*, **6**(2), 461–464 (1978)

20) F. Shimizu, S. Muto, M. Taguri, T. Ieda, A. Tsujimura, Y. Sakamoto, K. Fujita, T. Okegawa, R. Yamaguchi and S. Horie: Effectiveness of platinum-based adjuvant chemotherapy for muscle-invasive bladder cancer: A weighted propensity score analysis, *International Journal of Urology*, **24**(5), 367–372 (2017)

21) J. M. Stanton: *Reasoning with Data: An Introduction to Traditional and Bayesian Statistics Using R*, Guilford Press (2017)

22) J. W. Tukey: The Future of Data Analysis, *Annals of Mathematical Statistics*, **33**(1), 1–67 (1962)

23) W. S. Weintraub, M. V. Grau-Sepulveda, J. M. Weiss, S. M. O'Brien, E. D. Peterson, P. Kolm, Z. Zhang, L. W. Klein, R. E. Shaw, C. McKay, L. L. Ritzenthaler, J. J. Popma, J. C. Messenger, D. M. Shahian, F. L. Grover, J. E. Mayer, C. M. Shewan, K. N. Garratt, I. D. Moussa, G. D. Dangas and F. H. Edwards:

Comparative Effectiveness of Revascularization Strategies, *The New England Journal of Medicine*, **366**(16), 1467–1476 (2012)

24) 石黒 真木夫, 松本 隆, 乾 敏郎, 田邉 國士: 階層ベイズモデルとその周辺–時系列・画像・認知への応用 (統計科学のフロンティア 4), 岩波書店 (2004)

25) 梅津 佑太, 西井 龍映, 上田 勇祐: スパース回帰分析とパターン認識 (データサイエンス入門シリーズ), 講談社 (2020)

26) G. James, D. Witten, T. Hastie and R. Tibshirani 著: 落海 浩, 首藤 信通 訳: R による統計的学習入門, 朝倉書店 (2018)

27) 金森 敬文: R による機械学習入門, オーム社 (2017)

28) B. Lantz 著: 株式会社クイープ 監訳: R による機械学習 [第 3 版], 翔泳社 (2021)

29) 川野 秀一, 松井 秀俊, 廣瀬 慧: スパース推定法による統計モデリング (統計学 One Point), 共立出版 (2018)

30) 北川 源四郎, 竹村 彰通 編集: 内田 誠一, 川崎 能典, 孝忠 大輔, 佐久間 淳, 椎名 洋, 中川 裕志, 樋口 知之, 丸山 宏 著: 教養としてのデータサイエンス (データサイエンス入門シリーズ), 講談社 (2021)

31) 金 明哲 編: 汪 金芳, 桜井 裕仁 著: ブートストラップ入門 (R で学ぶデータサイエンス 4), 共立出版 (2011)

32) 金 明哲: R によるデータサイエンス [第 2 版]: データ解析の基礎から最新手法まで, 森北出版 (2017)

33) 久保 拓弥: データ解析のための統計モデリング入門—一般化線形モデル・階層ベイズモデル・MCMC (確率と情報の科学), 岩波書店 (2012)

34) H. Wickham and G. Grolemund 著: 黒川 利明 訳: 大橋 真也 技術監修: R ではじめるデータサイエンス, オライリー・ジャパン (2017)

35) 佐藤 一郎: ビッグデータと個人情報保護法：データシェアリングにおけるパーソナルデータの取り扱い, 情報管理, **58**(11), 828–835 (2016)

36) 佐和 隆光: 回帰分析 [新装版], 朝倉書店 (2020)

37) 杉山 将: 統計的機械学習—生成モデルに基づくパターン認識 (Tokyo Tech Be-TEXT), オーム社 (2009)

38) 鈴木 讓: スパース推定 100 問 with R (機械学習の数理 100 問シリーズ 3), 共立出版 (2020)

39) 田栗正章: 統計学とその応用, 放送大学教育振興会 (2005)

40) 竹村 彰通: 新装改訂版 現代数理統計学, 学術図書出版社 (2020)

41) 照井 伸彦: R によるベイズ統計分析 (シリーズ統計科学のプラクティス 2), 朝倉書店 (2010)

42) 冨岡 亮太: スパース性に基づく機械学習 (機械学習プロフェッショナルシリーズ), 講談社 (2015)

43) 日本統計学会 編: 田中 豊, 中西 寛子, 姫野 哲人, 酒折 文武, 山本 義郎 著: 改訂版 日本統計学会公式認定 統計検定 2 級対応 統計学基礎, 東京図書 (2015)

44) 日本統計学会 編: 田栗 正章, 美添 泰人, 矢島 美寛, 中西 寛子, 保科 架風 著: 改訂版 日本統計学会公式認定 統計検定 3 級対応 データの分析, 東京図書 (2020)

45) 福岡 真之介: AI・データ倫理の教科書, 弘文堂 (2022)

46) 藤原 幸一: スモールデータ解析と機械学習, オーム社 (2022)

47) 星野 匡郎, 田中 久稔: R による実証分析—回帰分析から因果分析へ—, オーム社 (2016)

48) Z.-H. Zhou 著: 宮岡 悦良, 下川 朝有 訳: アンサンブル法による機械学習–基礎とアルゴリズム, 近代科学社 (2017)

49) 吉村 功, 大森 崇, 寒水 孝司: 医学・薬学・健康の統計学—理論の実用に向けて—, サイエンティスト社 (2009)

50) 渡部 洋: ベイズ統計学入門, 福村出版 (1999)

51) 汪 金芳: 一般化線形モデル (統計解析スタンダード), 朝倉書店 (2016)

52) Complete guide to GDPR compliance (GDPR コンプライアンス完全ガイド),
https://gdpr.eu/ (2022 年 6 月 10 日閲覧)

53) General Data Protection Regulation (GDPR 一般データ保護規則), https://gdpr-info.eu/ (2022 年 8 月 15 日閲覧)

54) OECD Guidelines on the Protection of Privacy and Transborder Flows of Personal Data (OECD ガイドライン),
https://www.oecd.org/sti/ieconomy/
oecdguidelinesontheprotectionofprivacyandtransborder
flowsofpersonaldata.htm (2022 年 6 月 10 日閲覧)

55) 個人情報の保護に関する法律,
https://elaws.e-gov.go.jp/document?lawid=
415AC0000000057

56) 国民健康・栄養調査 (2018 年次),
https://www.e-stat.go.jp/dbview?sid=0003224177&scid=
wi_mny_topic_article_2112_00001_43407_02

57) 厚生労働省: 2019 年　国民生活基礎調査の概況,
https://www.mhlw.go.jp/toukei/saikin/hw/k-tyosa/
k-tyosa19/index.html

58) 総務省統計局: 家計調査報告（貯蓄・負債編）－ 2021 年（令和 3
年）平均結果－（二人以上の世帯）,
https://www.stat.go.jp/data/sav/sokuhou/nen/index.html

索　引

ア　行

赤池情報量規準　　*142, 164, 178*
アダブースト　　*209*
アップサンプリング法　　*167*
アルゴリズムバイアス　　*60*
アンサンブル学習　　*9, 196*
アンサンブルモデル　　*195*
アンダーサンプリング法　　*167*

因果　　*7*
陰性　　*157*

上側四分位点　　*38, 39*

応答変数　　*123*
オッズ　　*161*
オーバーサンプリング法　　*167*

カ　行

回帰木　　*188*
回帰診断　　*147*
回帰直線　　*122*
回帰分析　　*8, 30, 124, 132*
回帰平方和　　*142*
階級値　　*33*
階級幅　　*41*
階層的事前分布　　*173*
確信区間　　*183*
確率関数　　*85, 86, 91, 94, 97*

確率の公理　　*74, 84*
確率分布　　*7, 40, 83*
確率変数　　*83, 91, 94*
確率密度　　*102*
確率密度関数　　*85, 87, 90, 94, 97*
確率論　　*2*
可視化　　*7*
仮説検定　　*8, 110, 115*
過分散　　*152*
加法定理　　*76, 77*
間隔尺度　　*30*
頑健性　　*32*
監査可能性　　*59*

機械学習　　*2, 4, 5, 8, 121*
棄却　　*117*
棄却域　　*117*
棄却限界値　　*118*
擬似データ生成法　　*167*
記述統計学　　*110*
期待値　　*88*
ギブスサンプリング　　*175, 176*
帰無仮説　　*116, 119*
逆 χ^2 分布　　*181*
教師ありデータ　　*128*
教師なしデータ　　*128*
共分散　　*99*

空事象　　*72*
区間推定　　*8, 112*
区間推定法　　*111*

クックの距離　　149
クラスタリング　　128, 155

傾向スコア　　49, 50, 51
結果　　58
決定木　　9, 202
決定係数　　142
検定　　110, 119

交差検証法　　126, 213
構成可能性　　59
勾配ブースティング　　196
交絡　　45
交絡因子　　45, 47, 49, 51
コーシー分布　　185
コード　　16
コルモゴロフの公理　　74
根元事象　　72, 76
混同行列　　157

サ　行

再帰的 2 分割法　　191
最小二乗推定量　　122, 126, 141, 180
最小二乗法　　122, 126
最適化問題　　208
最頻値　　32
最尤推定量　　141
残差平方和　　142

シグモイド関数　　161
試行　　72
試行回数　　91
事後オッズ　　177
事後確率　　79
事後分布　　172, 179
事後平均　　180

事象　　72
事象の独立性　　78
指数分布　　184
事前オッズ　　177
事前確率　　79
事前分布　　172, 180
下側四分位点　　38, 39
実験　　72
質的データ　　29
四分位点　　38, 87
四分位範囲　　38, 39
弱情報事前分布　　184
尺度　　29
従属変数　　123
周辺分布　　96, 99
周辺尤度　　177
縮小推定　　208
主成分分析　　159
出力変数　　123
順序尺度　　30
条件付き確率　　77, 78
条件付き分布　　96
乗法定理　　77, 78, 79
所有権の原則　　56
人工知能　　3, 5, 6
信頼区間　　112, 113, 114
信頼係数　　113
信頼度　　113

推測統計学　　110
推定　　110
推定値　　112
推定量　　111
スクリプト　　13
スパースデータ　　10, 207

生起確率　　79
正規分布　　90, 100, 104, 112, 113

成功確率　　　173
正則化パラメータ　　　208, 212
精度　　　180
積事象　　　73, 77, 78
説明責任　　　59
説明変数　　　123, 155
全確率の定理　　　79
線形回帰　　　125
線形回帰モデル　　　8
全事象　　　72
尖度　　　89
全平方和　　　142

相関　　　7, 139
相関係数　　　99
層別解析　　　46
損失関数　　　188, 208

タ　行

対数オッズ　　　161
対数線形モデル　　　8, 149
大数の法則　　　75, 103
対数尤度関数　　　141
対立仮説　　　116
ダウンサンプリング法　　　167
互いに排反な事象　　　73
多項分類　　　156
多次元データ　　　30
多値分類　　　156
多変量データ　　　30
ダミー変数　　　29
多ラベル分類　　　156
探索的データ解析　　　3

中央値　　　32, 39, 87
中心極限定理　　　8, 103

チューニングパラメータ　　　193
調整済み決定係数　　　144
超母数　　　172

デジタルプライバシーポリシー　　　57
データ　　　29
データガバナンス　　　59, 65
データガバナンスポリシー　　　64
データサイエンス　　　1, 5, 6
データ整合性　　　67
データセキュリティ　　　61
データの大きさ　　　31, 41
データプライバシー　　　61
データ倫理　　　7, 56
点推定　　　8, 111

統計学　　　2, 7, 106
統計的機械学習　　　2, 4, 121
統計的推測　　　110
統計的推論　　　8
統計量　　　101, 111
同時確率密度　　　102
同時分布　　　95, 96, 99
同時分布関数　　　95
等分散性　　　179
透明性　　　59
透明性の原則　　　57
特徴量　　　123, 155, 156
独立　　　77, 78, 98
独立性　　　100, 179
独立変数　　　123
度数分布　　　40

ナ　行

内部ノード　　　189
ナイーブベイズ分類器　　　165

ナイーブベイズ法　　9

二項分布　　90, 113, 173
二項分類　　155, 156
二乗損失関数　　122
二値分類　　156
入力変数　　123

ノード　　189
ノンパラメトリック　　133

ハ　行

ハイパーパラメータ　　172, 179
バギング法　　9, 194, 202
箱ひげ図　　39
はずれ値　　32, 40
パーセント点　　87
パッケージ　　17
罰則項　　208
パラメータ　　90
パラメトリック　　133
範囲　　37, 40

比尺度　　30
ヒストグラム　　40
非線形回帰　　126
標準化　　113
標準化差　　52
標準正規分布　　112, 114
標準偏差　　36, 88
標本　　101, 108, 121
標本空間　　72
標本最頻値　　32
標本中央値　　32
標本抽出　　101
標本点　　72

標本の大きさ　　104
標本範囲　　37
標本標準偏差　　36
標本分散　　35
標本分布　　8, 102
標本平均　　31, 103
標本平均偏差　　37
頻度論　　9, 172, 176

不均衡データ　　9, 166
ブースティング回帰木　　195
ブートストラップ　　194
負の二項分布　　151
部分木　　193
不偏推定量　　112
不偏性　　112
不偏分散　　35
プライバシー　　57
プライバシーポリシー　　57
分位点　　87
分散　　35, 88, 90, 91, 104, 112
分散共分散行列　　99, 179
分散の均一性　　147
分布関数　　86, 95
分布族　　90
分類　　8, 128, 132, 155, 200
分類器　　156
分類木　　200
分類モデル　　156

平滑化ブートストラップ法　　167
平均　　31, 88, 90, 91, 104, 112
平均絶対誤差　　146
平均二乗誤差　　143, 146, 188
平均偏差　　37
ベイズ因子　　177
ベイズ情報量規準　　178
ベイズ線形モデル　　9, 179

ベイズ統計学　　171
ベイズの定理　　78, 79, 172
ベータ分布　　173
ベルヌーイ試行　　151
ベルヌーイ変数　　160, 161, 173
ベン図　　73, 77
変数選択　　141

ポアソン分布　　91, 149
母集団　　101, 107, 114
母集団特性　　107
母数　　90, 112
母数区間　　90
母分散　　112
母平均　　103, 112, 114

マ　行

マイノリティ　　166
マジョリティ　　166
マッチング　　47
マルコフ連鎖　　175
マルコフ連鎖モンテカルロ法　　174

無作為抽出　　101, 107
無作為抽出法　　108
無作為標本　　101
無作為標本抽出　　101
無情報事前分布　　184
無相関性　　100

名義尺度　　29
メディアン　　32, 87
メトロポリス・ヘイスティングス法
　　　　175

目的関数　　193, 196

目的の原則　　58
目的変数　　123
モデル検査　　176
モード　　32
モーメント　　87

ヤ　行

有意水準　　118
尤度関数　　141

陽性　　157
要約　　7
余事象　　73
予測値　　123
予測分布　　172
予測変数　　123

ラ　行

ラプラスの定義　　75
ラベル　　128, 132, 155
ランダムフォレスト　　9, 195, 202

離散型確率分布　　86
離散型確率変数　　84, 94
リッジ回帰　　209
量的データ　　29, 30

累積相対度数　　41
累積相対度数分布　　41
累積度数　　41
累積度数分布　　40

レバレッジ　　148
連続型確率分布　　86

連続型確率変数　　　84, 94

ロジスティック回帰　　　202
ロジスティック回帰分析　　　161, 164
ロジスティック回帰モデル　　　9, 47, 50, 166
ロバストネス　　　32

ワ　行

歪度　　　89
和事象　　　73, 76, 77

英数字

AI　　　3
AIC　　　164, 178

CRAN　　　19

EDA　　　3

F 統計量　　　144

glm()　　　150, 162, 182, 202
glmnet()　　　211

install.packages()　　　18

k 近傍法　　　133
k-分割交差検証法　　　143, 193
k 平均クラスタリング法　　　128
k 平均法　　　128
kmeans()　　　130
k-NN 法　　　133
knn()　　　133

LASSO 回帰　　　10, 208, 209
library()　　　18
lm()　　　124, 182

MCMC 法　　　174

naiveBayes()　　　165

OECD 8 原則　　　63

p 値　　　118, 119, 146
print　　　21

R　　　2, 7, 11
R コンソール　　　12
randomForest　　　197
ROC 曲線　　　158
rpart()　　　202

stan_glm()　　　182

1 次元データ　　　30
2 次元データ　　　30
5 数要約　　　38

〈著者略歴〉

田 栗 正 隆（たぐり　まさたか）
2010 年　東京大学大学院医学系研究科博士課程修了
　　　　　博士（保健学）
2010 年　横浜市立大学大学院医学研究科 助教
2016 年　横浜市立大学大学院医学研究科 准教授
2018 年　横浜市立大学データサイエンス学部 准教授
2020 年　横浜市立大学データサイエンス学部 教授
現　在　東京医科大学医学部医療データサイエンス分野 主任教授

汪　　金 芳（わん　じんふぁん）
1994 年　千葉大学大学院自然科学研究科博士後期課程
　　　　　単位取得退学
　　　　　統計数理研究所領域統計研究系 助手
1996 年　博士（理学）
2001 年　帯広畜産大学畜産学部 助教授
2004 年　千葉大学大学院理学研究科 助教授
2012 年　千葉大学大学院理学研究科 教授
現　在　横浜市立大学データサイエンス学部 教授

- 本書の内容に関する質問は，オーム社ホームページの「サポート」から，「お問合せ」の「書籍に関するお問合せ」をご参照いただくか，または書状にてオーム社編集局宛にお願いします．お受けできる質問は本書で紹介した内容に限らせていただきます．なお，電話での質問にはお答えできませんので，あらかじめご了承ください．
- 万一，落丁・乱丁の場合は，送料当社負担でお取替えいたします．当社販売課宛にお送りください．
- 本書の一部の複写複製を希望される場合は，本書扉裏を参照してください．

IT Text
データサイエンスの基礎

2022 年 9 月 25 日　　第 1 版第 1 刷発行

著　　者　田栗正隆・汪　　金芳
発 行 者　村 上 和 夫
発 行 所　株式会社 オーム社
　　　　　郵便番号　101-8460
　　　　　東京都千代田区神田錦町 3-1
　　　　　電話　03(3233)0641(代表)
　　　　　URL　https://www.ohmsha.co.jp/

© 田栗正隆・汪　金芳 2022

印刷・製本　三美印刷
ISBN978-4-274-22914-5　Printed in Japan

本書の感想募集 https://www.ohmsha.co.jp/kansou/
本書をお読みになった感想を上記サイトまでお寄せください．
お寄せいただいた方には，抽選でプレゼントを差し上げます．